朝天宫古建筑群修缮报告

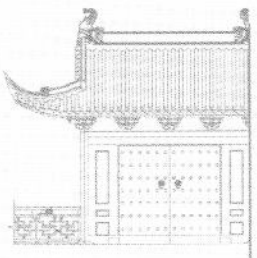

南京市博物馆 编

文物出版社

执行企划：吴国瑛

责任编辑：贾东营

摄　　影：吴国瑛　王　涛

责任印制：张　丽

图书在版编目（CIP）数据

朝天宫古建筑群修缮报告 / 南京市博物馆编. -- 北京 ：文物出版社，2014.12

ISBN 978-7-5010-4177-0

Ⅰ. ①朝… Ⅱ. ①南… Ⅲ. ①古建筑－修缮加固－研究报告－南京市 Ⅳ. ①TU746.3

中国版本图书馆CIP数据核字(2014)第281255号

朝天宫古建筑群修缮报告

南京市博物馆　编

出版发行　文物出版社
社　　址　北京市东直门内北小街2号楼
邮　　编　100007
网　　址　www.wenwu.com
邮　　箱　web@wenwu.com
制版印刷　北京图文天地制版印刷有限公司
经　　销　新华书店
开　　本　889×1194　1/16
印　　张　10.75
版　　次　2014年12月第1版
印　　次　2014年12月第1次印刷
书　　号　ISBN 978-7-5010-4177-0
定　　价　198.00元

序 言

“江南佳丽地，金陵帝王州。逶迤带绿水，迢递起朱楼。飞甍夹驰道，垂杨荫御沟。凝笳翼高盖，叠鼓送华辀。献纳云台表，功名良可收。”永明八年（409年），南朝文人谢朓这首咏写金陵的名句充分展示了南京城美丽的自然景物及悠久的历史文化韵味，有着6000多年文明史和2500多年建城史的南京，与西安、洛阳、北京并称为“中国四大古都”。

自229年东吴孙权迁都南京以来，历史上先后有多个朝代在此建都，在中原被异族所占领，汉民族即将遭受灭顶之灾时，通常汉民族都会选择南京休养生息，立志北伐，恢复华夏。南京被视为汉族的复兴之地，维系华夏文明的复兴之地，在中国历史上具有特殊地位和价值。

如今的南京已然成为江苏省省会，省政治、经济、科教和文化中心，是国务院确定的首批中国历史文化名城和全国重点风景旅游城市，南京城中的“朝天宫古建筑群”则是在历史名城的建城史中，古人留给我们的可贵财富，是江南地区最大的官式古建筑群，全国重点文物保护单位，利用朝天宫古建筑群特有的传统文化氛围，让人们理解南京人文历史发展的进程，领略南京古都文化的精髓，欣赏南京历史文明的宝藏，则是我们文保工作者不容推卸的责任！

朝天宫古建筑群明清两代被誉为“金陵第一胜迹”。朝天宫之名，系明洪武十七年（1385年）太祖朱元璋下诏亲赐，取“朝拜上天”之意。明末，朝天宫部分建筑毁于战火。清代康熙、乾隆时期，随着江南社会经济的恢复和发展，朝天宫也逐渐得到重修，规模甚大，“宫观犹盛，连房栉比”。康熙南巡时，曾为朝天宫题写匾额，曰：“欣然有得”。乾隆六下江南，曾先后五次登临游览，每次都题诗寄兴。如今刻有五首乾隆亲笔题诗的石碑，仍完整的立在朝天宫后山的御碑亭内，供游人观赏。

清同治五年（1866年）两江总督曾国藩将其改为孔庙，并把原在成贤街的江宁府学迁至朝天宫。于是形成了中为文庙，东为府学，西为卞公祠的格局并保存至今。朝天宫为典型的明清殿宇式建筑。其建筑格局、样式、营造技术等，是研究中国古代建筑尤其是明清建筑的重要实物资料，具有极高的历史、艺术和科学价值。

朝天宫一直是南京的重要名胜古迹。明清之际著名的 “金陵四十八景”，其中“冶城西峙”即指朝天宫。有着悠久历史的朝天宫古建筑群，在1992年曾完成过一次大修，到2009年已有17个年头了。在过去几年中，朝天宫中轴线上的主体建筑大成殿、崇圣殿等陆续出现各种险情，檐口瓦、椽、板不断掉落，尤其是屋面戗角部位出现严重下垂变形和裂缝，随时都有整体塌落的危险。2006年初，相关部门组织专家现场勘察论证后，先行采取了在建筑挑檐下加设角柱的方式临时支撑，暂时缓解了险情，为本次大修争取了时间。本次大修始于2009年6月下旬，于2010年11月1日竣工验收完毕。

整个古建筑群落维修指导思想严格遵循《中华人民共和国文物保护法》相关原则，即："核定为文物保护单位的革命遗址、纪念建筑物、古建筑、古墓葬、石窟寺、石刻等(包括建筑物的附属物)，在进行修缮、保养、迁移的时候，必须遵守不改变文物原状的原则。"在维修古建的同时对包括冶山古典园林在内的约四万平方米周边环境综合整治工程也全面展开。

相传公元前5世纪中叶，吴王夫差在此设立冶炼作坊。三国时期孙权在此设立冶官，到东晋元帝大兴初年，这里为丞相王导的西园。自此开始，有了园林的布置及亭台楼阁的营造，此后千余年这里多为道家宫观等公众祈愿、供奉的宗教场所或为官方建筑所在，虽然历史更迭名称有别，但是由于祖冲之、葛洪、王羲之历史人物在此任职的缘故，冶山古典园林的基本框架得以保存下来，历史文脉延续至今。

20世纪90年代政府曾对冶山古典园林进行过整修，由于无专业人员养护管理，一些基本设施老化，建筑荒废，植被凋零，杂树滋生。针对这种情况，提出了本次园林整治的原则意见，即以整为主，做减不做加，剔除后期添建的不良建筑，适当考虑恢复历史建筑，调整景点布局，增加文物摆放。依据以上意见进行了设计、论证、施工。环境整治工程与古建筑大修工程同时启动，同时完工。

朝天宫古建筑群维修及综合环境整治过程中，在南京市文广新局指导下，南京市博物馆根据该工程的规模及特点，组建工程项目部，聘请资深园林古建专家为工程顾问，工程领导小组督办，分管领导负责，现场管理落实的管理责任体系，监督施工单位严格遵循设计图纸、施工规范和强制标准要求，高标准施工，以保证工程质量符合设计要求和现行施工规范和规定。完善技术咨询制度、质量管理一票否决制、成品保护制等一系列规章制度，注重关键工序管理，严格过程控制，确保了整个工程的质量掌控。

南京市委、市政府历来重视历史文化建设，朝天宫古建筑群的修缮工程也被列为当年南京市政府文化建设重要工程。涉及古建维修、展览陈列、环境综合整治等多项内容，连同前期的新展厅建设，总工程投资约1.3亿元，这次朝天宫古建维修工程也是新中国成立以来政府投入最大的一次。此次大修意义重大，不仅仅在技术上维修了一个完整的朝天宫古建筑群，更体现了城市管理者以敬畏历史之心，传承名城文化的良苦用心。

2011年中国文物保护基金会年会在北京举行。年会上，由中国文物保护基金会和中国文物报社评选的"2010年度十大文物维修工程"评选结果正式揭晓，南京朝天宫古建筑群维修工程荣获"2010年度十大文物维修工程"称号，朝天宫环境综合整治工程也获得2013年度江苏省优秀工程设计一等奖。在此，我们向关心和支持朝天宫维修工作的诸位领导、向无私支援该工程的单位和人士、向辛勤操劳的各位专家和学者以及所有关心与参与这项工程的人们表示真挚的谢意！朝天宫古建筑群维修工程的胜利竣工，是我们南京文物保护史上的一个杰作，更是全体文物保护工作者的共同成果。

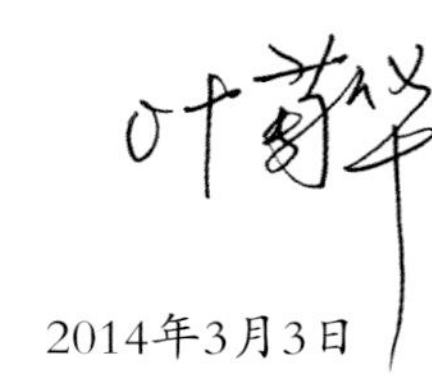

2014年3月3日

目 录

櫺星門

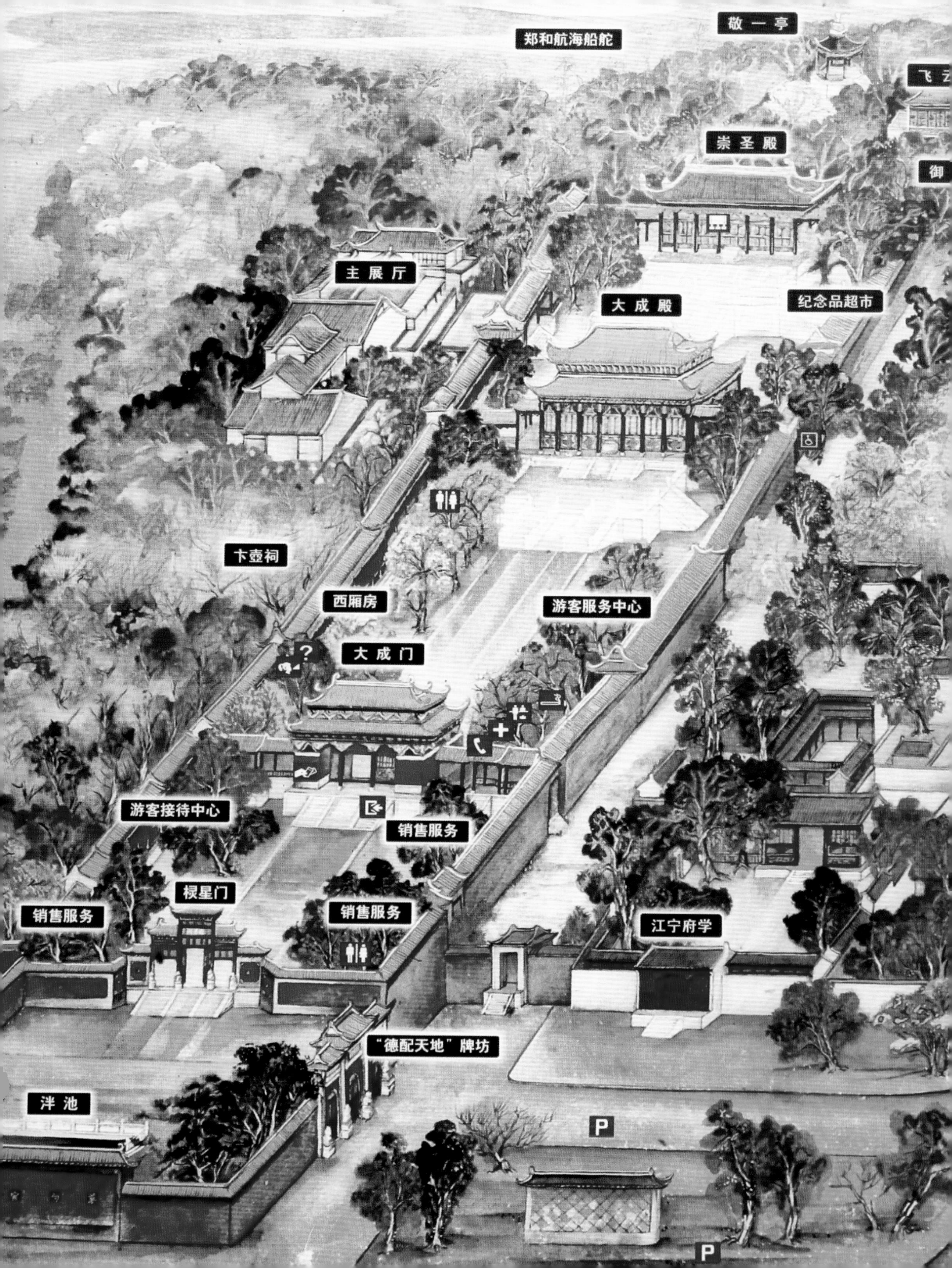

敬一亭
郑和航海船舵
崇圣殿
主展厅
大成殿
纪念品超市
卞壸祠
西厢房
游客服务中心
大成门
游客接待中心
销售服务
棂星门
销售服务
销售服务
江宁府学
“德配天地”牌坊
泮池
P
P

朝天宫

历史篇

朝天宫的历史沿革与建筑特色

吴 阗

朝天宫在南京市中心新街口的南段，背依冶山而建，前临古运渎，是江南地区现存规模最大、建筑等级最高、保存最为完好的一组明清官式古建筑群。朝天宫之名，系明洪武十七年（1385年）太祖朱元璋下诏亲赐，取“朝拜上天”之意。现存建筑为清同治五年（1866年）重建，占地面积约45000平方米。朝天宫现为南京市博物馆所在地。（图1）

朝天宫所在的冶山地区是南京开发较早、较为知名的地区，历朝历代建置、沿革屡经变迁，人文掌故，史不绝书。

相传2500年前吴王夫差曾在此设冶铸剑，并聚集了一定的固定人口，从而形成了原始城邑——“冶城”，后人遂称此山为“冶山”或“冶城山”。三国东吴时期，孙权在这里设置冶官，将冶山作为东吴制造铜铁器的重要场所，除制造兵器和用具外，也铸造铜钱。

东晋初年，冶山为丞相王导所有，他将孙吴时期的冶炼作坊迁走，在此营建了私家园林——“西园”，之所以得名是因为其坐落于西州城的西面。

西州城即六朝时期扬州刺史的治所之一。扬州自汉代设置以来，治所屡迁，初治历阳（今安徽和县），后治寿春（今安徽寿县），汉灵帝末年治于曲阿（今江苏丹阳）。西晋永嘉年间，王敦为扬州刺史，在建邺（今南京）创立州城（据《建康实录·卷一》），因位置在台城以西，故称“西州城”。西州城的位置当在今南京朝天宫之东、张府园以西一带（参见卢海鸣先生《六朝都城》）。

东晋名臣王导担任扬州刺史前后长达20余年，于初任扬州刺史不久，即在今冶山修建园林。据《六朝事迹编类·卷3》引《寰宇记》称：“晋元帝大兴初，以王导疾久，方士戴洋云：君本命在申，而申地有冶，金火相烁，不利。遂移冶城于石头城东，以其地为园。”

当时的西园风景清幽、山水秀丽，“园中果木成林，又有鸟兽麋鹿”（《晋书·隐逸传》），著名的隐士郭文举就是被这里的自然景致所吸引，才在西园居住了七年之久。

西园的美景还吸引了当时众多的重臣、名士，在案牍理政之余，来此盘桓、游憩。他们或独步园林，诗酒自适，或挥麈清谈，啸咏自得。就连皇帝本人也曾前来游赏。《晋书·成帝纪》云：“咸和五年（330年）冬十月丁丑，幸司徒王导第，置酒大会。”《六朝事迹编类》引徐广《晋记》亦云：“成帝幸司徒府，观冶城园。”

王导死后30余年，另一位东晋名臣谢安曾与大书法家王羲之共同登临游览冶山，留下了另一段千秋佳话。

在冶山西麓，有为纪念东晋忠臣卞壶父子所建的祠堂。卞壶（280～328年），字望之，东晋明帝时官至尚书令。咸和三年（328年），苏峻叛乱，卞壶率军及其子卞眕、卞盱力战而死。东晋朝廷为卞壶父子建墓于冶山西侧。到南唐保大年间，

· 图1　鸟瞰朝天宫

在墓侧修建亭、祠。（图2）

北宋庆历三年（1043年），江宁知府叶清臣，将南唐所建忠贞亭改为忠孝亭。宋元祐八年（1093年），将忠孝亭扩建为忠孝堂，并绘制卞壶画像，悬挂其中，规定春秋两季以礼祭祀。南宋建炎年间，金兵南侵，忠孝堂毁于兵火。绍兴八年（1138年），忠孝堂重建，高宗赵构赐庙额“忠烈”。清康熙、乾隆年间，卞壶祠受到保护，乾隆帝曾亲至卞壶祠，题写匾额“典午孤忠”（典午即司马，系指晋司马政权）。光绪年间，卞壶祠逐渐荒废，到民国初期，已废为民房，只有卞壶墓碑保存完好。

南朝刘宋明帝泰始六年（470年）在冶山建立了“总明观”，为古代南方最早的社会科学研究机构。分设文、史、儒、道、阴阳五门学科，诏请著名学者20人担任教职，一时成为文苑盛事。后来，文、史、儒、阴阳四门学科逐渐失传，而道家学派

· 图2　卞壶墓碑

· 图3　朝天宫历史展厅

又渐与道教合流，在冶山上修建道观。从此冶山开始成为道教圣地，香火连绵不绝，流传千载。

冶山在唐代建有太清宫，李白、刘禹锡等曾先后至此登临；宋代名为天庆观，苏轼、王安石、陆游等人也都曾游历此处。南宋末年民族英雄文天祥，抗元战败被俘，在押往大都（北京）的途中曾夜宿于此，留下了慷慨激昂的诗句。元代名为玄妙观，后改为“大元兴永寿宫”。

明洪武十七年（1385年）太祖朱元璋下诏改建，并赐名为“朝天宫”。明代的朝天宫既是皇室贵族焚香祈福的道场，同时也是春节、冬至、皇帝诞辰日这三大节前文武百官演习朝拜天子礼仪的场所。明中后期朝天宫是当时南京最大、最著名的道观，占地面积300多亩，有各种殿堂房庑数百间，主体建筑有神君殿、三清正殿、大通明宝殿、万岁正殿等。（图3）

1368年，明太祖朱元璋建立大明王朝，定都南京后，用了20多年的时间，对南京进行了全面的规划建设。除了建造皇宫、城墙，对市区进行功能划分之外，还建造了包括天坛、地坛、太庙、明孝陵等大批礼制建筑。在这样一个时代背景下，朝天宫迎来了其古代发展变迁史上最辉煌的时期。

南京民间传说，元代流传下来的玄妙观（元代建于冶山）所制作的素膳十分鲜美，非常好吃，明太祖十分喜爱，欲求其配方而不可得。正宫皇后马娘娘就暗中派遣一名小太监，乔装成小道士前往玄妙观挂单，设法偷学。后来小太监发现玄妙观道士们每次用正常方法做好素膳后都要往上面撒一种粉末，就偷偷拿了一点这样的粉末回来。经过分析化验，发现这种粉末是用鸟雀的肉炸干以后磨成的，这就证明，玄妙观的素膳违规加了荤腥。明太祖觉得受了愚弄，一怒之下把玄妙观收归国有，改建成朝天宫。（《南京民间故事》，江苏古籍出版社，1990年）

据《明太祖实录》，洪武十七年（1384年），朱元璋下诏对位于冶山的元代大元兴永寿宫加以改建，赐名为朝天宫。朝天宫是当时明王朝皇室和王公贵族焚香祈福的道教道场，属于皇家寺观。同时，在三大节（正旦即春节、冬至、圣节即皇帝生日）举行朝贺大典之前，文武百官先期演习朝拜天子礼仪的场所也设在朝天宫（《明会要》）。

新建的朝天宫规模宏伟，气相庄严，明太祖本人也曾到此盘桓。明英宗天顺五年（1461年），朝天宫失火，主要建筑被焚毁。

据《金陵玄观志》记载，明宪宗成化六年（1470年），吏部尚书邹干，推荐右玄义（掌管道教事务的官名）道士李靖观担任朝天宫住持，负责重修朝天宫。李靖观受命以后，将朝天宫历年来积蓄的香火斋粮和历年收取的芦场收获变卖现钱，再买来建材，组织工人，准备施工。将此情况报告朝廷后，明宪宗朱见深特别下诏，命令工部调拨为建造内廷而烧制的黑绿琉璃砖瓦三十余万块和一批木料、植物，并安排民工、军夫和工匠协助施工。此次重修，自成化六年（1470年）至成化十二年（1476年）历时七年。

重修以后的朝天宫，“垒拱层檐，琉璃闪映，备极雄观”，除了将洪武时期的飞龙亭改建为万岁殿外，基本格局和主要建筑都与明初保持了一致，正所谓“规制悉遵于旧而仑奂有加于前”。明代的朝天宫占地面积三百余亩，由南往北前后分为五进。

第一进为山门。当时大山门朝东，在门前的大街南北两端，各有牌坊一座，分别题名为“朝天宫”和“蓬莱真境”。大山门有官将殿一座（三间）、左右碑亭各一座；二山门有官将殿一座（三间），左有真官堂一座，右有土地堂一座。

明代朝天宫的山门是朝东的，按其位置，当在今王府大街南端；其二重山门的位置，大体应当在今朝天宫东墙到王府大街南口之间，即今江苏省昆剧院所在地一带。现在的朝天宫经过清代的重修，面貌已经有所改变，两重山门和真官堂、土地堂、碑亭等建筑均已不存，只有两个碑亭里的碑还能找到踪影。

原在朝天宫二号大院内的明代“奉敕重修朝天宫碑”至今尚存。1999年，朝天宫东侧园林整修时，在其北侧50米左右的地方发现了石质龟趺、碑帽各一，形制与右碑相同，碑身不存。据此可以确定，“奉敕重修朝天宫碑”为右碑，1999年发现的龟趺为左碑，而二者之间就是明代朝天宫的主入口了，现今（主要是清代遗存）的主入口向南偏移了十几米。

过了两重山门，有一条两侧宫墙壁立的石板路，蜿蜒曲折宛如“迷宫”，名为“九湖湾”。入口在东，出口朝北，来到二进广场，豁然开阔。可以想象，当时的香客游人从东往西，在沿着“九湖湾”曲折通幽的夹墙小路，转而向北，豁然望见第二进高大雄伟的殿堂。此种布局，充分体现了中国古代传统园林美学注重气氛营造、引人入胜的审美情趣，令人不得不敬佩当时营造者的独具匠心。

从“九湖湾”的出口向北，就是第二进的神君殿。神君殿面阔五间，飞檐翘角，形制轻盈华丽，殿内供奉有道教神君。两侧有厢房，当时设公学，即官办学塾，额定学童一百名。

过神君殿沿着山势北上，中有青石铺路，两侧各有偏殿三座。东侧为景德、普济、显应三殿，西侧为宝藏、总制、威灵三殿，这些殿宇内供奉哪种神像已无从查考，但总归是一些道教的神仙，其中威灵殿可能供的是应天府城隍。据记载，明洪武二年（1369年），朱元璋大封城隍，敕京都、开封等地城隍为王，官级正一品；府城隍为威灵公，官正二品，殿宇以威灵为名，供城隍的可能性很大。这六座偏殿皆用黑绿琉璃瓦覆顶，并安装有通脊吻兽，形态生动，色彩绚丽。

过偏殿再向北，拾基而登，即是朝天宫的主体建筑之一三清正殿。

面阔七间，进深五进。白石为台，周以石栏，殿顶用重檐歇山式，四梁八脊，上用黄绿琉璃瓦。三清正殿内供奉道教三清圣像，即玉清、上清、太清三位尊神。

三清正殿背后，是一个长方形的广场，即第四进。广场东西各有配殿，东面为三官殿，殿内供奉道教三官大帝。三官大帝是早期道教尊奉的三位天神，指天官、地官和水官。

广场西面的配殿为四圣殿，供奉道教四圣。四圣是道教神系中北极紫微大帝麾下的四大元帅，又称“北极四圣”，分别是天蓬大元帅、天猷元帅、翊圣元帅和真武元帅（后来升格为真武大帝）。四圣是道教的护法神将，主要负责降妖除魔，这里面的天蓬元帅不知是不是《西游记》里面的猪八戒?

在明代洪武年间和永乐北迁之前，每逢三大节前，文武百官都要先期在朝天宫演习朝拜天子的礼仪。三清正殿背后的长方形广场，正是当年文武官员演习进退起止礼仪的场所，永乐北迁后，此处仍为“南六部”官员演礼之所（《明会要》）。

长方形广场以北，坐落于二重白石台基之上的，是大通明宝殿，系明代朝天宫的主体建筑之一。大通明宝殿五进七间，用重檐歇山顶，覆黄绿琉璃瓦，殿内供奉玉皇大帝圣像。玉皇大帝是道教主神之一，全称为“昊天金阙无上至尊玉皇大帝”，为总执天道之神，与中央紫微北极大帝、勾陈上宫天皇大帝、承天效法后土皇地祇合称“四御”，是辅佐“三清”的四位尊神。

大通明宝殿后，元代天历二年（1329年）建有飞龙亭，传明太祖朱元璋曾在此更衣（《金陵玄观志卷一·游冶城山记》）。洪武年间建朝天宫时，因其名未改。成化年重修时，“新建黑绿琉璃两副檐殿三间，奏改为万岁殿”（《金陵玄观志卷一·奉敕重建朝天宫碑》）。万岁殿是整个朝天宫古建筑群的制高点，“据高阜之巅”。

明代的朝天宫依山而建，前后分为五进，主要建筑之间建有回廊，自神君殿直至万岁殿，共用84对楹柱，沿山势曲折而上，号称“九曲廊”。沿九曲廊登临，可以使游人免于日晒雨淋之苦。

除了上述主要建筑之外，当时的朝天宫东侧还有飞霞阁、景阳阁、全真堂、火星殿、白鹤楼、道录司，西侧有西山道院、卞壶祠等一系列附属建筑。据《金陵玄观志》统计，明代朝天宫建筑群共有大小殿堂30余组，各类道士修行所居的静室82房。

其中全真堂是直接承载六朝遗迹的一个重要地点。全真堂之名见于明成化年间，于万历年间（1573～1620年）又经重建，按其堂址，则“故吴王冶处，有铸剑池；晋王丞相导西园，郭文举读书园中，有读书台；又为冶城楼，谢太傅安、王右军羲之登焉，超然有高世之志，皆即其处也”（《金陵玄观志卷一》）。

西山道院位于冶山之西，是明初太祖朱元璋为长春真人刘渊然所见的修行之地，明太祖本人也曾于洪武戊寅即洪武三十一年（1398年）驾临西山道院，接见刘渊然。

刘渊然（1351～1432年），萧县（今安徽萧县）人，一说为赣县（今江西赣县），《明史》有传。道号“体玄子”，幼年在祥符宫出家为道士，师事胡、张二师得符法，后又拜全真派名家赵宜真（道号原阳子）为师，得授金火返还大丹之诀，诸阶符箓，净明秘奥。不仅得全真、清微二派之传，且被尊为净明道第六代嗣师，以能呼召风雷、道法尊妙而名扬四方。

洪武二十六年（1393年）明太祖朱元璋将他召入禁中，“屡问天人相与，果何所感”，又“试之符法，无不验者”，遂赐以法剑，号为“高道”，请其在南京朝天宫西山道院居住。又手诏命其“游名山洞府，求谒神人”（《金陵玄观志卷一》）。

明朝政府还把主管全国道教事务的机构——道录司设在朝天宫东侧，建有大门、正厅以及一些办公用房。道录司于明洪武十五年（1382年）始置，属礼部，主要官职有正印、副印、左右正一、左右演法、左右玄义等，朝天宫的住持道人循例可以兼任道录司的左右正一或左右玄义。

明代为了加强对宗教事务的管理，在朝廷建立了分别主管佛教、道教的政府机构僧录司、道录司，在基层则建立了大寺（观）管中寺（观），中寺（观）管小寺（观）的金字塔形管理结构。作为明代南京最大的道教宫观，朝天宫的地位非常重要。据《金陵玄观志》，朝天宫下辖中观11座，分别为灵应观、卢龙观、洞神宫、清源观、仙鹤观、朝真观、洞玄观、玉虚观、祠山庙、移忠观、佑圣观，以上诸观现均已不存或仅存地望。

·图4　大成门

此外，朝天宫当时“额定领粮牒道士”（即常年专业修行）人数多达二百人，额定公学（位于神君殿两旁的官办学塾）学童一百人，云游道士不计其数。为了维持朝天宫内道士、学童的日常生活开支和保证道教法事等各种宗教活动的进行，除由皇室和达官贵族不定期捐施香金外，明朝政府还专门划拨出大片田地、沙洲和山塘，作为朝天宫的庙产。在当时南京龙江关外的白沙洲（离朝天宫陆路30里），划出芦苇地两千余亩，每年收入白银400余两；在距离朝天宫陆路260里的溧阳庄、距离朝天宫陆路540里的大仓庄，共有田地近5000亩，每年可得租米3000余石；另有南京城内乌龙潭池塘面积100亩，这些都是朝天宫的庙产。

明代的朝天宫是当时南京地区规模最大的道教宫观，并且由于其为明太祖钦定作为朝会大典前百官习仪的场所，所以等级也最高，是“太祖高皇帝创建焚修之所，每遇大节，行庆贺礼，文武百僚习仪于斯，非他祠宇比也”（《金陵玄观志卷一·护本宫敕》），因此朝天宫与明皇室的关系十分密切，官方色彩非常浓厚。（图4）

不仅朝天宫之名是明太祖钦赐，成化年间的重修用上了大内建筑的备用材料，而且在成化年间重修完成后，明宪宗还先后颁布了《护道藏敕》、《敕护西山道院》、《护本宫敕》等三个正式文件对朝天宫的各种权益加以保护，宣布：“今后官豪势要诸色人等，不许纵放车马，秽污奉祀之所；侵占芦场，有缺修葺之需，若有不遵朕命者，事发必罪不宥”。

明末，朝天宫部分建筑毁于战火。到清代康乾时期，朝天宫得到重修，规模甚大。康熙南巡时曾为朝天宫题写匾额，曰“欣然有得”。乾隆六下江南，先后五次登临游览朝天宫，每次都题诗寄兴。如今刻有五首乾隆亲笔题诗的石碑，仍完整的立在朝天宫后山的御碑亭内。（图5）

·图5　乾隆御碑亭

咸丰年间，太平天国政权把朝天宫改为制造和储存火药的“红粉衙”。同治五年（1866年）两江总督曾国藩又将朝天宫改为孔庙，并把江宁府学迁至朝天宫，形成中为文庙，东为府学，西为卞公祠的格局并基本保存至今。

从功能用途来看，朝天宫的历史沿革可以划分为这样几个阶段：

第一阶段从传说中春秋时期吴王夫差“设冶铸剑”到东晋王导建立“西园”，其功能是冶炼作坊。

第二阶段从东晋王导建立“西园”，到南朝刘宋明帝泰始六年（470年）建立“总明观”，其功能为风景名胜。

第三阶段比较短，从刘宋泰始六年（470年）建立“总明观”到南齐永明三年（485年）撤销“总明观”，作为国家教学、学术机构所在地。

第四阶段从 “总明观”撤销开始一直到清咸丰年间“太平天国”起义定都南京，这一阶段除“太平天国”时期一度作为生产、储藏火药的作坊“红粉衙”以外，一直作为道教宫观。

第五阶段从同治五年（1866年）开始直到清末，这一时期朝天宫被改建为“江宁府学”。

第六阶段，民国年间，朝天宫的功能用途屡有变更，曾作过“故宫博物院南京分院”（抗战前后）、伤兵医院（抗战时期南京沦陷前）、首都高等法院特别军事法庭（抗战胜利后）等。新中国成立后，陆续作过朝天宫小学、南京市工农干部补习学校、南京师范学校所在地。1957年被列为“江苏省文物保护单位”。1962年由南京市文物保管委员会接管。1973年南京市博物馆迁入。与南京其他景点相比，朝天宫的这样几个重要特点：

第一，具有很强的历史延续性。南京的许多著名景点在知名度方面容或强于朝天宫，但在历史延续性方面却颇有不足。早期的往往到后来湮没难觅，如越城、石头城、瓦官寺、大报恩寺等等；而保存至今的景区则多成名较晚，如夫子庙、明故宫、明孝陵、明城墙、中山陵等。像朝天宫这样有一条从公元前5世纪直到民国、新中国的完整的发展、演变轨迹，均有相当完备的历史记录的景区，在南京各大景点中几乎可以说是绝无仅有。

第二，具有相当明显的官方色彩。纵观朝天宫的沿革变迁，历朝历代的建置都具有明显的官方色彩，无论是早期的冶坊、西园、总明观，还是明清时期的朝天宫、府学以至民国时期的故宫分院、高等法院等，都是官办机构。

第三，具有地标性建筑的重要地位。朝天宫所在的冶山在历史上曾多次作为地标性建筑之所，唐代曾令天下郡县建"太清宫"，南京的太清宫建在冶山；宋代宋真宗于大中祥符二年（1009年），下令天下诸路军州并建"天庆观"，南京的天庆观也建在冶山。以上这些也许只是巧合，但也足以说明朝天宫的重要性。

朝天宫古建筑群范围最大时东起今王府大街，西止莫愁路东侧，北延伸到秣陵路以北，南至仓巷桥北口。

现存建筑大都始建于晚清，主要为江宁府学和文庙，包括宫墙、下马碑、泮池、棂星门、大成门、大成殿、崇圣殿等。1957年，被评为江苏省文物保护单位。（图6）

江宁府学原在今南京成贤街一带，在明为国子监，入清降为府学，咸丰年间毁于兵火。清同治四年（1865年），太平天国起义被镇压后，署理两江总督的李鸿章，命江宁知府涂宗瀛在朝天宫原址建江宁府学。

《同治上江两县志》载，当时在选定重建府学的地点时，曾由风水、堪舆家溧阳陈鼒、江宁甘炳负责"相地"。甘炳为江宁甘氏族人，与甘家大院的主人甘熙为堂兄弟。甘熙在《白下琐言》中，也从风水角度对府学选址在朝天宫有所议论，他说："冶城山为省干，尽结余气，布为青溪以西阳基"，意思是说冶城山属于省城（即南京）山脉的主干，汇集了（从主脉而来的）余气，从而演化成为青溪以西（最好）的阳宅宅基。其实，早在宋太宗雍熙年间（984～987年），就曾在冶山建文宣王庙。清嘉庆年间，原府学大成殿遇火灾时，也有人建议把府学移建到朝天宫，而把道家神像移到原府学。

李鸿章主持的江宁府学重建工程，"因山为基，因运渎为泮池，崇宏拟宫阙"，到"（同治）五年九月，建成大成殿及棂星门、戟门、两庑、库房、官厅等"。这次重修，李鸿章是十分重视的，连用材都很考究，"采海外之大木，陶、琉璃筩瓦于景德镇"，"工凡用帑八万一千余金"。

到同治六年（1866年），曾国藩重至金陵为两江总督，又相继建成府学的崇圣殿、尊经阁、明伦堂和名宦、乡贤、忠义、孝悌祠等建筑，重新开凿了泮池，工程于同治八年（1868年）七月竣工。这一轮重修共用银"十一万七千五百余两"，"规模宏阔，甲于东南"。

经过同治初年李鸿章、曾国藩主持的两轮重修，

·图6　朝天宫文保立碑

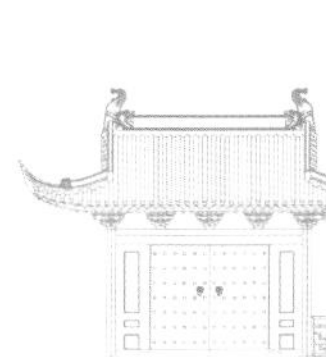

形成了东、中、西三条轴线的格局。中路为江宁府学文庙，西路为卞公祠、卞壶墓，东路为江宁府学。目前，朝天宫中路的府学文庙保存比较完整，由南京市博物馆负责管理。

江宁府学文庙是非常规范、典型的孔庙建筑，面南背北，依山而建，南、东、西三面有宫墙围绕，自下而上共分五进。

第一部分建筑主要包括下马碑、“万仞宫墙”与东西牌坊和泮池。

“万仞宫墙”面临运渎，为朝天宫古建筑群的南端宫墙，是整个建筑群的照壁，也是文庙的标志性建筑。

中国古代建筑，一般都会在建筑的主入口前设置一道墙，称为照壁或影壁。照壁是中国古建筑中十分独特而又常见的组成部分，它与建筑的主体若即若离，若开若闭，在形式与功能上体现了古代堪舆术对风水的理想追求，又综合考虑到气候、地理、建筑、民俗等诸多重要的因素，既具有很强的实用性，又具有生动的象征意义。照壁的大小、形制、墙面装饰，都与建筑本身的大小、等级、主人身份有直接关系，而照壁正面的装饰或题字也直接体现了主建筑的功能、性质或特点，比如普通百姓、富人的四合院，门前照壁一般写“福禄寿禧”等吉祥字样，寺庙多写“庄严净土”或“阿弥陀佛”，而文庙的照壁则大多会有“万仞宫墙”这四个字。

江宁府学的“万仞宫墙”照壁，东西横向，全长近百米。有“万仞宫墙”四个砖刻大字刻于红墙之外，每个字约1米见方。仞，是度量单位，我国古代八尺或七尺叫做一仞。“万仞宫墙”出自《论语·子张篇》：“……夫子之墙高数（万）仞，不得其门而入”，意思是赞誉孔子知识渊博，道德文章水平非常之高，后世遂以“万仞宫墙”作为颂扬孔子的专用语。

在“万仞宫墙”的东西两侧各有砖坊一座，为文庙的入口，三间三拱门，中门较高大，下施须弥座，上面有砖刻横额，东为“德配天地”，西为“道贯古今”，这八个大字连同照壁上的“万仞宫墙”四字据说都是曾国藩所书。（图7）

下马碑原来在东西牌坊外，东西各有一块，现仅存西边一块，上刻“文武官员军民人等至此下马”，系双钩楷书，碑高2.8米，宽0.62米，厚0.37米。一说现在朝天宫附近的“东止马营”、“西止马营”等街巷名称，均因此碑而得名。

在“万仞宫墙”内侧墙下，有一个半圆形的水池，周围有白石栏杆，称为“泮池”，民间俗称“月牙池”，也是文庙标志性建筑之一。典出《诗经·鲁颂》：“思乐泮水，薄采其芹”，诗经《毛传》注曰：“泮水，泮宫之水也。天子辟雍，诸侯泮宫。”意思是说，天子办的学校叫“辟雍”，诸侯办的学校叫“泮宫”。

江宁府学文庙的泮池，在李鸿章重修府学的一期工程中并没有专门建设，当时是“因运渎为泮池”，即直接把运渎水当做泮池，到曾国藩主持的

第二期工程时才专门开凿了泮池。泮池周围用石栏杆环绕，下部有两组涵洞与宫墙外的运渎相通，池水终年不竭。抗日战争期间曾被填平，1970年重新开挖，现在与运渎已不再相通。

泮池以北是棂星门，棂星门为文庙标志性建筑。“棂星”最早作“灵星”，是主司农业之神。《史记·封禅书》引《汉旧仪》曰：“灵者，神也。辰之神为灵星”。《后汉书·祭祀志》云：“汉兴八年……高帝令天下立灵星祠。……旧说，星谓天田星也。一曰，龙左角为天田官，主谷。……舞者用童男十六人。舞者象教田，初为芟除，次耕种、芸耨、驱爵及获刈、舂簸之形，象其功也”。汉以后，历代多有祭祀灵星的传统，到宋代“灵星”才开始用在建筑名称上。宋仁宗天圣六年（1028年），“始筑外壝，周以短垣，置灵星门”（《宋书·礼二》）。宋明以来，灵星门一般多为礼制建筑所特有，如太庙、帝陵、文庙等，普通建筑是不能用灵星门的。至于灵星何时变成“棂星”，尚无法定论，就南京地方志所见，宋代的《景定建康志》、元代的《至正金陵新志》都已写做“棂星门”了。在清代诗人袁枚的《随园随笔》中曾提到：“后人以汉灵星祈年与孔庙无涉，又见门形为窗灵，遂改为棂。”

江宁府学的“棂星门”是一座四柱三间的牌坊，面阔15.5米。木结构，黄琉璃瓦覆顶，以斗拱层层出挑，明间（正中间的一间）十三踩（即用十三层斗拱），次间（明间左右两侧的两间）九踩。“棂星门”以四根梁柱支撑起较大面积的屋顶，从纵面看只不过是四根柱子，但仰视起来却可以形成亭亭如盖的效果，这种建筑手法是中国古代建筑的独到之处。“棂星门”南北柱脚下各有四座石狮，雌雄成对，体量虽然不大但雕工精细，栩栩

·图7　道贯古今牌坊

·图8　棂星门

如生。（图8）

“棂星门”南北有1米左右的高差，由泮池广场进入棂星门需拾阶而上。石阶分左中右三路，各有垂带石（斜坡）相隔。垂带石宽约40厘米

过棂星门为文庙一进院落。东西两庑左右厢房各两座，面阔各五间，宽21.5米。东边为文吏斋、司神库；西侧为武官斋、司牲亭。文吏斋、武官斋是清代文武官员参加祭孔典礼休息、斋沐的地方。司神库、司牲亭则分别为存放孔子神主牌位和制作三牲供品之所。

一进院落正北面是大成门，又称戟门，为文庙标志性建筑。“大成门”取《孟子》“孔子之谓

集大成”之意，而称“戟门”则是因为当时门两旁曾陈放过綮戟之类用作迎接封建帝王或钦差大臣用的仪仗。大成门面阔五间，宽约29米，其中明间宽6.45米，次间宽5.8米，进深12.29米。重檐歇山顶，上檐用斗拱，纯黄琉璃瓦覆顶。分设分左、中、右三门，中门专供皇帝、钦差及祭祀大典时孔子牌位出入，亲王、郡王走左右两门，一般官员只能走大成门外侧的“金声”和“玉振”小门。“金声”、“玉振”之名亦出自《孟子》：“集大成也者，金声而玉振之。”大成门与一进相比高出近5米，建有18级台阶。

在南京民间传说中，大成门正对着天上的“南天门”。据说大成门不能随便开启，否则上天就会降下洪水、瘟疫和精神病这三种灾祸。

大成门北为文庙的二进院落。东西两侧各有对称的配殿一组，面阔11间，宽约55米，庑殿顶，黄绿琉璃瓦覆顶。在东配殿南侧原有石碑一通，题为《重修修江宁府学碑记》，碑高2.5米，宽1.1米，碑文为楷体，共20行，满行54字，全文1172字。碑文记述了清同治年间将朝天宫由道教宫观改建为江宁府学和文庙的经过，碑文见载于《曾国藩全集·诗文》（岳麓书社出版）。1966年时遭到破坏，断为三截，造成个别碑文残损。2010年9月，南京市博物馆将其修复，移至二进西厢房内保护并展出。

在原断碑旁，还有古银杏树一株，枝繁叶茂，需两人方能合抱。南京民间传说此树为明太祖手植，然就树龄而言，恐不足六百年。据陈作霖《运渎桥道小志》载当为清初所植：“……幽境名区，罕与其匹，中经寇乱，扫地无余。惟三清殿下银杏一株仅存。”1998年，此树被列入南京市古树名木保护名录。（图9）

在古银杏旁边的回廊里，悬挂着清同治八年（1869年）李鸿章命江南制造局为江宁府学铸造一只铜钟。此钟高1. 44米，底径1. 31米，腹围2.2米，系青铜铸造，重约1. 5吨。钟顶铸有双头龙形象，即所谓“龙生九子”中的“蒲牢”。钟身铸有方格纹饰，钟上有铭文两处，一处为“江宁府学镛钟”；一处为“同治八年岁在己巳，五月十有五日，江南制造总局铸”。“府学镛钟”保存完好，撞击时声音清越，数里可闻。

大成门内庭院深广，进深超过100米，中为甬道，铺有长方形石板，两侧为草坪树木，甬道中段有东西向道路与两配殿相连。

二进正北为大成殿，这是江宁府学文庙主体建

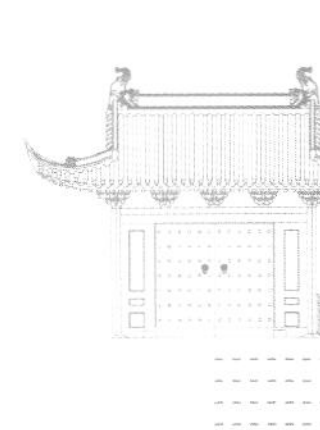

·图9 古银杏

筑，也是标志性建筑。孔庙主殿以“大成”作为殿名当始于北宋崇宁（1102～1106年）初年，徽宗皇帝曾“诏辟雍文宣王殿以大成为名”（《宋史·志第五十八》）。

江宁府学文庙大成殿五进七间，通面阔46.30米，进深18.76米，由地面至屋脊总高26.7米。屋顶为重檐歇山式，上下檐均施斗拱。四面斜坡，有一条正脊，四条斜脊，屋面略有弧度，飞檐翘角，状如飞翼，上覆纯黄琉璃瓦。大殿前后两廊，均有巨形木柱，上部均为斗拱，用以支承梁架，兼具装饰之用。大殿内外均铺水磨方砖，俗称“大金砖”。前有三层台基，殿前设露台，极为宽敞，在晚清是祭孔大典时表演乐舞的地方。露台四周有石质雕栏，四角刻有螭首。大成殿前后台阶中央，都有浮雕龙陛，现虽有多处磨损修补，但保存基本完整。

大成殿内正中后壁前原有祭台，供奉“至圣先师孔子之神位”。殿内檐下曾悬挂有清康熙帝于康熙二十三年（1848年）所颁的“万世师表”匾额以及清同治、光绪、宣统诸帝题匾多块。以上诸多文物惜于1966年和1969年分别遭到毁坏。

据陈作霖《炳烛里谈》记载，文庙大成殿里有灵狐盘踞，还曾经显灵捉弄过来此行香礼拜的官员。

2010年9月，南京市博物馆在新一轮古建筑维修工程中，依据现存部分建筑匾额形制，参照文献记载和有关资料，重新制作了江宁府学文庙的“大成门”、“大成殿”、“崇圣殿”等主要建筑的匾额，恢复文庙历史旧观，堪称一时盛事。（图10）

大成殿后是崇圣殿，又称先贤殿、先贤祠。面阔七间，宽36.53米，进深16. 15米，为单檐歇山顶，绿琉璃黄剪边屋面，建筑风格与大成殿略同。殿前施台基两重，周匝围以石栏。殿内原有神龛，陈放孔门弟子和南京历代先贤牌位。

殿后为冶山最高处，建有“敬一亭”，可鸟瞰南京北部城市风貌，亦为文庙标志性建筑。（图11）

“敬一亭”之名，来自明代嘉靖皇帝所作的《敬一箴》。据《明史·世宗本纪一》：“（嘉靖）五年冬十月庚午，颁御制《敬一箴》于学宫。”《敬一箴》全文包括前面的序言和后面四字一句的箴言，是嘉靖帝“因读书而有得焉乃述”的一篇心得体会。他在序言中写道：“夫敬者，存其心而不忽之谓也。……一者纯乎理而不杂之谓也”，在箴言中提出：“人有此心，万理咸具。体而行之，惟德是据。敬焉一焉，所当先务，”最后他要求：“咨尔诸侯，卿与大夫，以至士庶，一遵斯谟，主敬协一，罔敢或渝，以保禄位，以完其躯。”

又《明史·列传第七十四》：“（许诰）嘉靖初，起南京通政参议，改侍讲学士，直经筵，迁太常卿掌国子监。请于太学中建敬一亭，勒御制《敬一箴注》、程子《四箴》、范浚《心箴》于石。帝悦从之。”就是说，嘉靖皇帝所作的《敬一箴》，最早在太学（国立大学）中建敬一亭展示，后来又推广到所有的文庙建筑。

敬一亭东，有飞云、飞霞、景阳三阁，明代文献中已见其名。景阳阁依冶山而建，颇具特色。飞

·图10　崇圣殿雪景

云阁高二层，广五楹，阁正中悬有清道光、咸丰时文化名人莫友芝手书的“飞云阁”匾额。后人曾称赞此楼：“钟阜群峰，窥窗排闼，朝烟霏青，夕霞酿紫，如置几席间。诚奇景也。”（《同治上江两县志》）据晚清方志记载，飞云阁曾作为江宁府学教谕（学官名）的办公地点。（图12）

飞霞阁，传为宋代钟阜轩旧址，清同治年间曾国藩重修江宁府学时重建，将其作为金陵官书局的办公地点。

金陵官书局是清末创办较早而又影响较大的官办书籍印刷出版机构之一。当时在金陵官书局列名校书的有莫友芝、冯煦、唐仁寿、刘毓崧、刘寿曾父子等，皆为晚清名士。《运渎桥道小志》称：“……飞霞阁，金陵书局寄治于此。藉江山之胜概，发文字之古香，秀野琴川，差堪媲美。”

据《续撰江宁府志》记载，到光绪三年（1877年），飞霞阁被改建为“仓圣祠”，不再作为金陵官书局的办公地点。

飞霞阁前，即立有乾隆御碑的“御碑亭。”

晚清的江宁府学建筑群，中路的文庙保存较好。西路的卞壶祠久已废为民居，2009年起，南京市政府将其改建为公共绿地。在文庙东路的是府学，原由明伦堂、校舍、尊经阁、顾亭林祠等一系列建筑组成，现仅存明伦堂和少数房屋。

明伦堂在府学南部，是府学学堂的正厅。“明伦”之语出自《孟子·滕文公上》：“夏曰校，殷曰序，周曰庠，学则三代共之，皆所以明人伦也。”“明伦堂”曾是举行“乡饮酒礼”的地方。同治十年（1870年），两江总督曾国藩组织有关人士研习祭孔礼乐，从上海购买乐器，聘请教习，在中秋祭孔时演奏。（《同治上江两县志》）。现为江苏省昆剧院办公地，历史遗迹几乎荡然无存了。

尊经阁、顾亭林祠在府学北部，与飞霞阁相近。尊经阁为府学藏书之处，顾亭林祠则是为纪念

・图11　敬一亭

明末大儒顾炎武所建的纪念建筑。

据《炳烛里谈》称："昔顾亭林征士来谒孝陵，皆寓居朝天宫。同治中……于飞霞阁楼建一祠，……府学教官率学中名流，岁一祀之，至于今不废。"

《续撰江宁府志》则云："顾亭林祠在府学东南山陬，府学为朝天宫旧址，亭林三至江宁，曾寓其中。同治十三年（1874年），教授赵彦修、教谕吴绍伊因余屋改建……"

到民国年间（1936年）营建北平故宫博物院南京分院时，尊经阁、顾亭林祠被拆除。

光绪二十九年（1903年）九月，清政府宣布仿照西方推行学校教育，所有乡试、会试一律停止。江宁府学遂走向荒废，直到建国以后才重新焕发了青春。

朝天宫古建筑群的建筑特色主要有以下三个方面。

一是遵循中国古代礼制建筑以三大殿为中轴线，其他建筑左右对称分布的基本格局。

"三殿制"即以三座主体建筑纵向和横向排列作为建筑群核心的建筑形制，是中国古代礼制建筑的重要特点。早期只有天子和诸侯的宫殿才能配备，后来应用范围逐渐扩大的学宫、祠庙等礼制建筑和寺庙、道观等宗教建筑。

据《周礼》和《礼记》的记载，周天子有处理政务的"三朝"。到两汉魏晋南北朝时，依《周礼》都在正殿两侧设东西厢或东西堂，三者横向排列。《三国志·魏书》称正殿太极殿之左右为东西堂，为皇帝延见臣下，处理日常国务以及宴请群臣场所。

隋文帝营建新都大兴宫，沿袭周礼制度，纵向排列“三朝”：广阳门为大朝，元旦、冬至、万国朝贡在此行大朝仪；大兴宫则朔望视朝于此；中华殿是每日听政之所。从此以后，纵向即南北向排列的三大殿成为后世礼制建筑遵循的准则。唐代皇宫三大殿分别是奉天、太极、两仪，明代南京故宫三大殿为奉天、华盖、谨身，清代北京故宫三大殿则为太和、中和、保和殿。

朝天宫古建筑群自明代以来一直采用三殿制。明清两代作为道观的朝天宫以神君殿、大通明宝殿和万岁正殿为三殿，晚清改建为府学孔庙后，则以大成门、大成殿和崇圣殿为三殿。

第二个特点是以南北纵向三大殿为轴心，附属建筑左右对称，呈多进式展开，充分体现了庄严肃穆、堂堂正正的恢弘气势，令人高山仰止，肃然起敬。

第三个特点是依山而建，因山制宜。朝天宫古建筑群坐落于冶山南麓，依山而建。仔细观察可以发现，自南向北各进院落建筑的高度、各建筑之间的距离都各不相同。从空间感觉上，既满足了礼制建筑要求的庄严、宏大，同时也力求变化，使人不觉单调、呆板。

朝天宫是南京的重要名胜。在南京各历史名胜古迹中，其历史延续最久，文化积淀最为丰富，是南京文化宝库中最富有历史文化价值的珍贵遗产之一。（图13）

·图12　飞云阁

· 图13　朝天宫鸟瞰

华威大厦

朝天宫
敕建

朝天宫

修缮篇

南京朝天宫古建筑群修缮方案

王　盈　汪永平

1. 朝天宫概况

1.1　历史沿革

朝天宫位于南京市区水西门内，莫愁路东侧，依冶山而建，是目前江南地区现存规模最大、等级最高、保存最完整的文庙古建筑群。关于其历史，最早可追溯到公元前5世纪中叶，吴王夫差在此设立了规模较大的兵器冶炼作坊，“冶山”之名由此得来，又称“冶城”。三国孙吴时期，孙权在此设置冶官，管理铜铁器的冶铸。东晋元帝大兴初年（318年），因当权者听信方士迷信说法，将冶城移至石头城东，而在其故址建西园，又名“别苑”。从此以后，此处便开始了园林和楼台建筑的营建。东晋太元十五年（390年）时的冶城寺，是此处第一次建造较大规模的建筑。元兴三年（404年）时，废寺为苑，“广起楼榭，飞阁覆道，直连冶城”。南朝刘宋时期，这里名为“总明观”，又称东观。在此集中了来自全国的著名学者和社会名流，共同从事社会科学艺术的研究。因此，可以说这里曾是我国历史上最早的科学研究机构所在地之一。唐代时，更名为“太清宫”；杨吴武义二年（920年），曾建“紫极宫”与“钟阜轩”。北宋时期，建有祭祀孔子的文宣王庙——这是此处作为文庙所在的开始，不久被改为天庆观；大中祥符年间，改名为“祥符宫”，宫内建有太乙殿，殿前有太乙泉。元朝元真元年（1295年），改为玄妙观；至顺二年（1331年），又改为永寿宫，建有忠英亭。

“朝天宫”之名始于明朝洪武年间，经重新修建后，成为明代朝廷举行大典前官员练习礼仪和官僚子弟袭封前学习朝见的场所，因此洪武十七年（1384年）明太祖下诏赐名“朝天宫”，取“朝拜上天”、“朝见天子”之意。天顺五年（1461年）这里因失火建筑尽毁，又于成化六年（1470年）重修。明末，朝天宫部分建筑毁于战火。清初，这里被重修并再一度改为道观。康熙、乾隆二帝都曾亲临，并拨银修葺。嘉庆年间，这里的房屋数量很多，宫观规模颇大。道光年间，因连遭火灾，风水先生建议把原朝东向的大门改朝西南向，这种格局一直延续至今。

太平天国时期，朝天宫是制造军火的红粉衙（红粉即火药）和铸造钱币的铸钱衙。而同治三年（1864年）湘军攻入南京后，朝天宫又一次毁于战火。

清同治四年（1865年），署理两江总督的李鸿章，命知府涂宗瀛重修朝天宫，将原来道观改为文庙，并把原在成贤街的江宁府学迁至此处。同治五年（1866年），继任两江总督的湘军首领曾国藩重至金陵，又相继兴建了尊经阁、明伦堂和名宦祠、乡贤祠、忠义祠、孝悌祠等建筑。于是就形成了中路为孔庙，东路为府学（包括学署、明贤祠、乡宦祠等），西路为卞公祠[1]的三条轴线的格局。如今朝天宫内的主要建筑基本上都是同治五年至九年间（1866~1870年）所建成的。同治十年（1875年），曾国藩又组织有关人士研习祭孔礼乐，在中秋祭孔时演奏。光绪二十九年（1903年）九月，清政府宣布推行学校教育后，所有乡试、会试一律停止，江宁学府遂走向荒废没落。

民国初期，朝天宫曾为国民政府教育部中央教育馆。1936年，改为北平故宫博物院南京分院。尊经阁、顾炎武祠等建筑被拆除。1945年抗日战争胜利后，改为首都高等法院，设特别军事法庭，专门审判汉奸战犯。1949年10月，南京市文物保管委员会成立，办公地点设在朝天宫内。“文化大革命”期间，这里曾是江苏省阶级斗争教育展览馆和农业展览馆的所在地，并筹建过“红太阳纪念馆”。1976年，南京市博物馆成立，馆址即设在朝天宫内，一直沿用至今。

1.2 保存现状

目前朝天宫的古建筑群中尚存文庙和江宁府学，位置关系上为右庙左学形式，总占地面积约7万平方米。文庙依冶山北高南低的地势而建，外围有红色宫墙，现存的主要建筑有：正南照壁，上有“万仞宫墙”四个约1米见方的砖刻大字；宫墙南端东、西两面入口处各有砖坊一座，为三间三拱门，中门较大，上有砖刻横额，东为“德配天地”，西为“道贯古今”；西坊门处有下马碑，上刻“文武官员军民人等至此下马”。宫墙内自南往北依次是泮池、棂星门、大成门、大成殿和崇圣殿等主要建筑物，均为明清官式做法。棂星门为四柱牌坊形式，面阔15.5米；大成门面阔5间29米，进深12.3米，重檐歇山顶，上下檐均有斗拱；东西两端墙上还各开有名为“金声”和“玉振”的偏门。大成门与大成殿之间有东西两庑和走廊各12间，东为文吏斋、司神库，西为武官斋、司牲亭等。大成殿面阔七间39.1米，进深21.9米，重檐歇山顶，殿前月台（丹墀）宽约20米，高3.2米，形制基本如旧。崇圣殿又称先贤祠，面阔7间30.5米，进深18.9米，单檐歇山顶，殿前亦有月台。殿后高处还建有“敬一亭”，亭东有飞云阁。东边的江宁府学院落内原有“明伦堂”、“尊经阁”、“顾亭林祠”等建筑。抗日战争前，国民党政府教育部在府学处改建国立北平故宫博物院南京分院，将原有建筑大部分拆除，现仅存后面的飞霞阁与御碑亭[2]。（见图）

2. 保护与维修设计

2.1 历代维修概况

历史上的朝天宫虽然数次毁于战乱，但作为一组地标性质的古建筑群，对整个南京城的历史文化影响是十分深远的。据史料记载，明代的朝天宫，是洪武初年朱元璋经营南京城时最早修建的一大批礼制建筑中的一组，也是当时南京最大、最著名的道观。其总占地面积超过三百亩，各种殿堂、房屋数百间；主体建筑有神君殿、三清正殿、大通明殿、飞龙亭等；三清正殿旁曾种银杏一株，至今尚存，已有六百多年树龄。

而同治五年至同治九年（1866~1870年），曾国藩按照儒家思想，在原有基础上重新规划设计，修建了这组古建筑群。整座建筑作一条南北中轴线的文庙建筑体制，两侧配殿、廊房对称，使之高低错落，参差有序，形成一组完整的建筑群体。当时所用的建筑材料中，木材均采自海外，黄色琉璃瓦等陶瓷构件，则出自江西景德镇。这是其在近代最后一次大规模的重修，其主要格局、建筑都较好地保存至今。因此今日朝天宫仍延续了明清时期官式建筑的风格。抗日战争前（1936年），国民政府教育部在府学处改建国立北平故宫博物院南京分院，将原来的建筑大部分拆除，现在仅存北面的飞霞阁和御碑亭。原江宁府学明伦堂以北的建筑被毁，改建为三层文物库房。

新中国成立以后，人民政府为了保护朝天宫这组古建筑，多次拨款修葺，并列为江苏省级文物保护单位。50年代以来，朝天宫曾进行过多次维修。1957年，朝天宫被公布为江苏省第一批文物保护单位，1982年3月又被调整为江苏省二批重点文物保

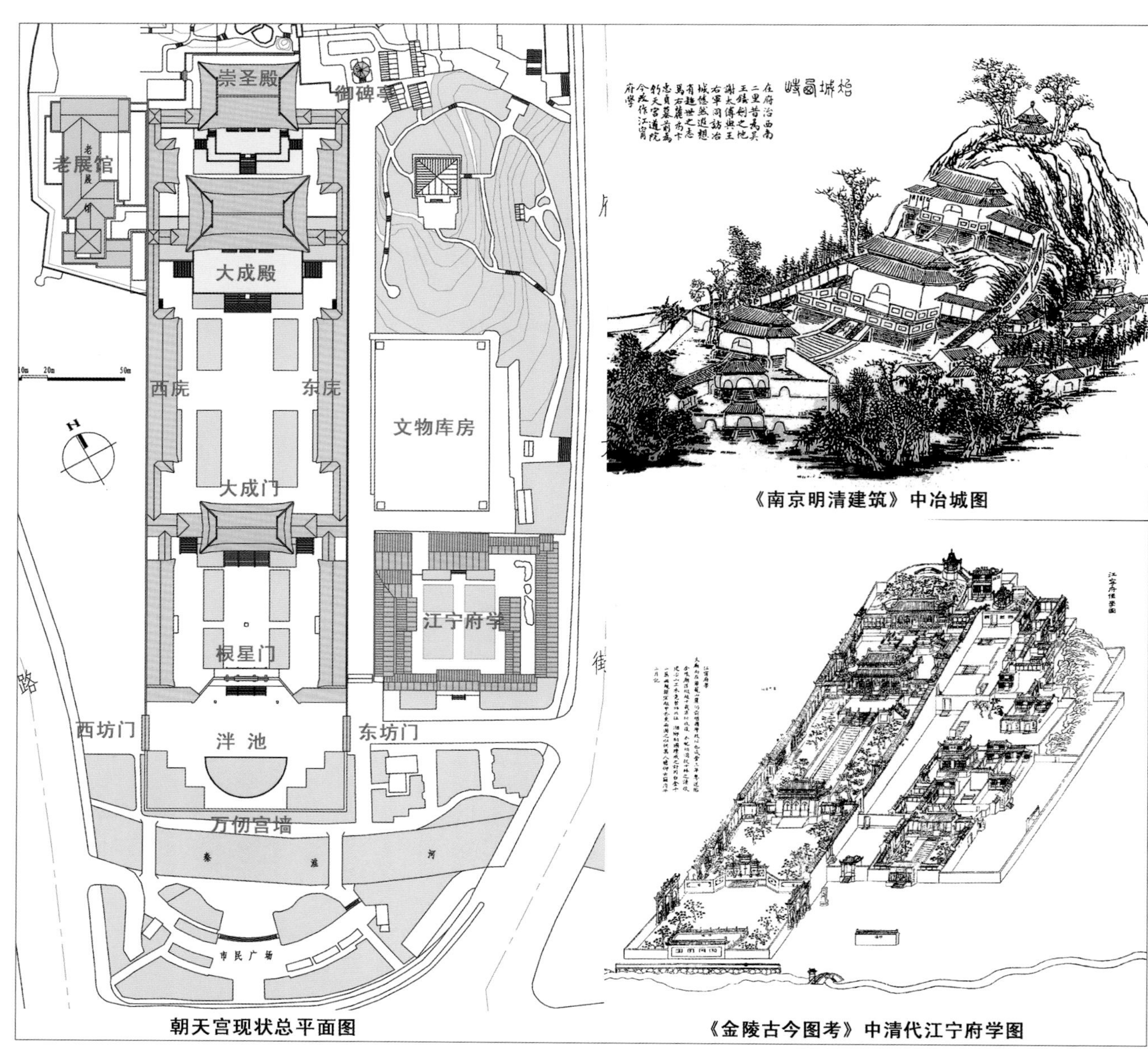

·图1　朝天宫相关图片

护单位。1988至1989年间，省、市曾拨出巨款，对其进行了全面整修，基本恢复了同治时的文庙旧观。时隔十年之后的1998年，馆方进行了西侧展馆的建设。这项工程的规划、设计、施工工作，委托东南大学建筑系丁宏伟教授主持，第一期工程（包括南边展馆及地下库房等）到1999年竣工建成。

2.2　现状鉴定

由于中国传统建筑的木质结构不易保存的特性，阶段性的维修是必需的。2007年年初，我们受南京博物馆委托，通过调查、了解和现场勘察，发现大成殿与崇圣殿在建筑结构和构件上已经出现了一些不容忽视的问题。具体表现在：屋面上有部分琉璃构件损裂、脱落；屋架上有多处檩条、椽子腐朽；梁、柱等重要木构件上有曾遭白蚁蛀蚀过的痕迹；油漆剥裂、颜色淡化，墙面、地面出现污迹；另外还有电气系统老化等安全隐患。从整体上初步分析，两座大殿产生残况的原因主要是在上次维修时选择了过大的屋面琉璃构件，导致檩条、椽子等木构件负荷较重，久而久之便产生变形。

2.3 设计说明

在此次详细调查与测绘的基础上，工程性质被定为揭顶大修。整个维修工程共分两期进行：一期维修设计的范围包括朝天宫内的大成门及其左右两间偏殿、大成殿与崇圣殿、楼周边场地、道路（含左侧出入口）等建筑物。二期维修设计范围为棂星门及大成门前的两侧厢房。

维修的基本原则和方式是：（1）保留并复原建筑物的原有布局、尺度（含面阔、进深、高度）、标高、用材、结构形式、装修（含雕刻、油色）、台座踏步及风貌等。（2）拆除并更换腐朽的檩条、椽子、望砖（板），以及筒瓦、底瓦、勾头、滴水、正脊、垂脊、侧脊等所有琉璃物件。

3. 维修的具体内容和做法如下

3.1 木构架

A. 梁架

从目测所及的构件残况看，建筑的主体梁架损坏并不严重，有一些开裂现象，为一般残损（含槽朽、劈裂、弯垂），应针对性地采用挖残、填补、墩接、胶联（含化学加固）、添置铁件等方法来加固补强。此外对倾斜构件采用支撑扶正，使其归位，也可以加置铁件辅助。

B. 椽、檩（桁）

檐椽：腐朽面超过直径1/3，腐朽长度超过椽身长度一半者，须更换新椽。多数椽头朽蚀较严重，估计损坏程度在70%以上。檩子的残朽部位多位于建筑两梢或正面，需按原形式、原尺度更新。

3.2 屋面

由于原来的琉璃构件选用不适，尤其是屋面的戗角角脊和角兽过大，构件壁厚，使屋面负担过重，角梁下沉，严重影响下面的梁架支撑，从而造成了角柱位移和台基角面开裂。因此维修工程拟全部揭顶，更换椽条、屋面望板，做ABS防水层，上面再铺设琉璃瓦，瓦件、脊件仍按原形制，瓦按同瓦型尺寸更新，筒瓦、底瓦、勾头、滴水等琉璃构件仍由江苏宜兴琉璃厂家烧制。

3.3 墙体

壁体小裂缝应先将缝隙处整理干净，后用高标号砂浆或胶嵌缝封闭密实。对于表面风化部位，应将其打凿，去除周边残渍，经清理干净后用原砖粉砂浆补填，按原样做缝恢复原砌体风貌。墙面染上污渍则应用酸去洗刷干净，或用硬板钢丝刷，磨刷去渍以保持整洁。

3.4 地面

目前各建筑物的地面保存基本完好，略有破损、裂缝及风化，采用措施可参照墙体补残方法。石刻破损也需按原样恢复。

3.5 天花（顶棚、平顶）

天花多采用木隔板，损坏并不严重。本次维修可就个别损坏进行更新。

3.6 装修

各室装修门窗迄今保留较好，其中虽有破损，宜按原状修复，残缺者应按原件形制配齐。

3.7 油色

室内粉刷宜按原用材、色调重新打底粉刷，面层暂缓着色，可与室内装饰时一并施工。木构件（含仿古钢筋混凝土构件）等应先将其原油漆层铲除干净后重新制底上漆。所有铁件刷红丹防锈剂。钢筋混凝土构件表面用漆为砼专用漆。

3.8 消防

现有的古建布置，不能完全满足消防规范需要，因此尽可能加强建筑的内外通道，来解决人员疏导，设置消火栓消防系统（利用原有的消防系统，消防车从东侧道路可以直达），设置火灾报警系统等。

3.9 给排水

利用原有给水系统和排水系统略加充实、疏整，经计算能满足目前的需要。

3.10 电器

原室内电线线路已老化不安全，本次整修时将原室内电器线路拆除，重新布线安装照明与插头（含广播、电脑网）线路布置另列设计图。

要求是：（1）导线钢管的敷设采用暗埋方式，应按设计要求位置敷设，施工应平直、牢固、管口应光滑有护口。（2）管内穿线不应损伤绝缘层和芯线，接地线连接应牢固。（3）在墙上埋管线、安装插座，应标出位置后细心打凿，避免损坏墙体。（4）吊灯的吊杆或吊练在上部的固定方式、待选择灯具后研究确定。（5）屋顶空间安装的照明线路，导线应加防火套管，灯具用防水灯具。（6）所有电器安装均按古建防火条例设计要求进行施工。

3.11 其他

所有木构件、铁件表面均须加防腐防锈措施，木构件还须做防虫防蚁处理。木材皆采用老杉木或红松，不宜用洋松。含水不宜超过18%。各项专业设计在施工过程中，应互相配合协调，以免造成返工损失。

整个维修工程的前期调查测绘开始于2007年年初，2008年市建委批准立项，于2009年7月开工，2010年9月竣工。

注释：

[1] 即卞壶墓。卞壶，字望之，东晋沛阴人，晋明帝时为尚书令，在平定苏峻叛乱时战死。宋庆历年间，太守叶清臣为其建亭立碑，碑亭前建祠。

[2] 亭中御碑上刻有清代乾隆皇帝六巡江南来此游览时所题诗文。

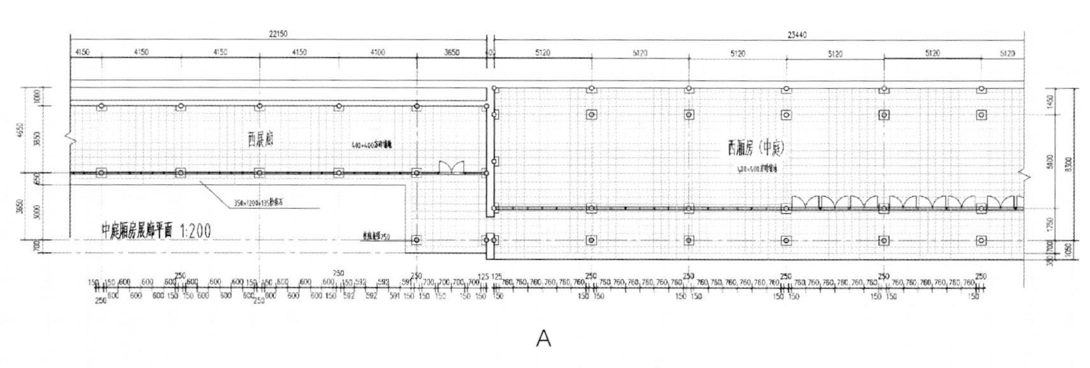

A

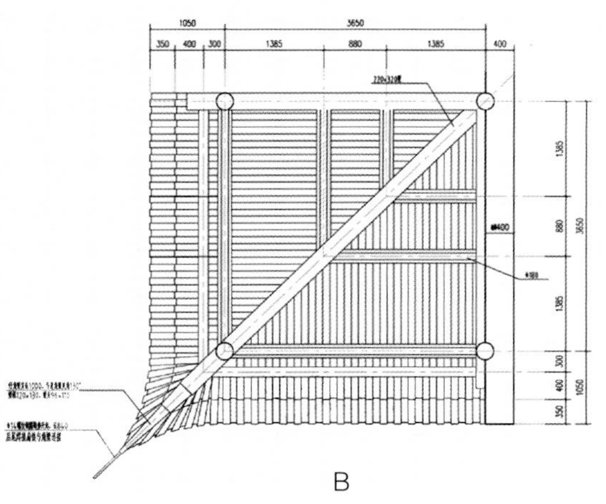

B

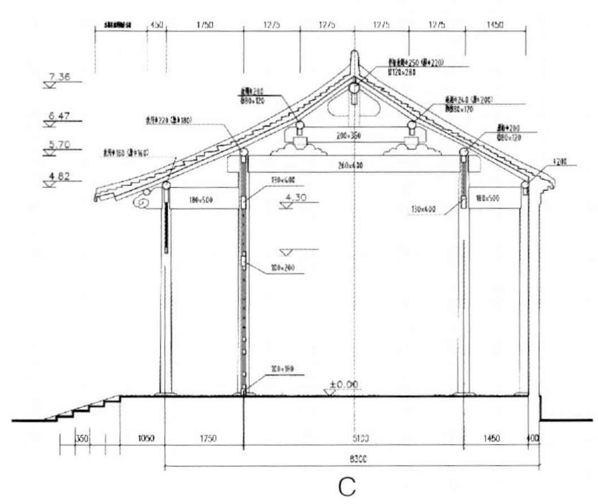

C

· A. 大成殿中庭厢房平面图　B. 厢房侧廊翼角仰视图　C. 大成殿中庭厢房剖面图

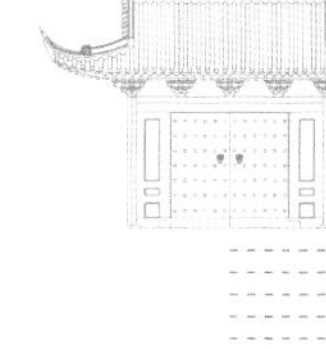

修缮篇

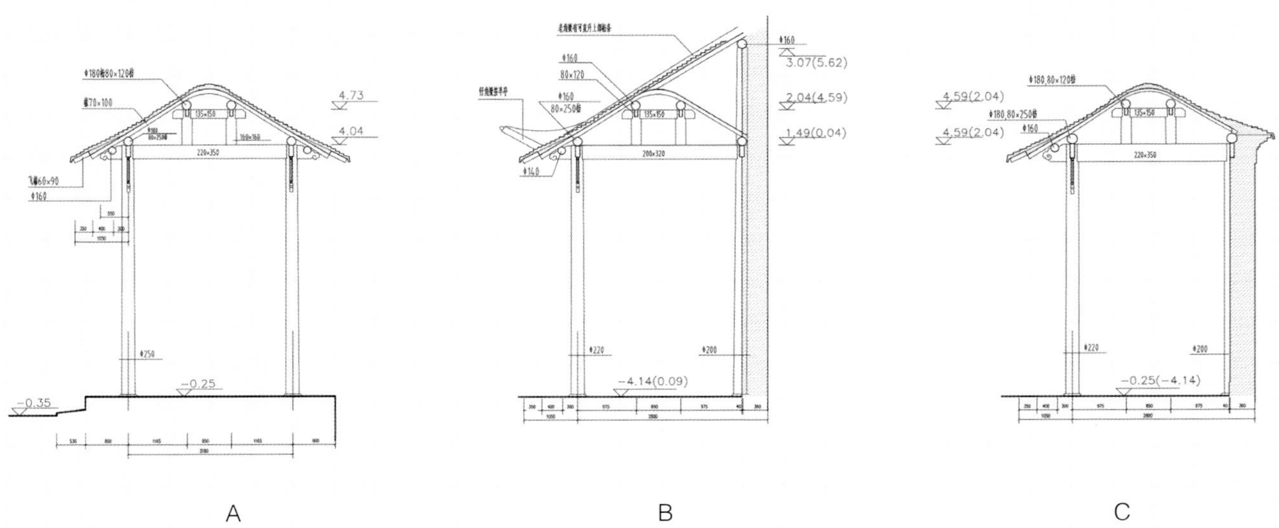

A　　B　　C

· 大成殿周围廊剖面图　A. C-C剖面图　B. H-H（J-J）剖面图　C. F-F（G-G）剖面图

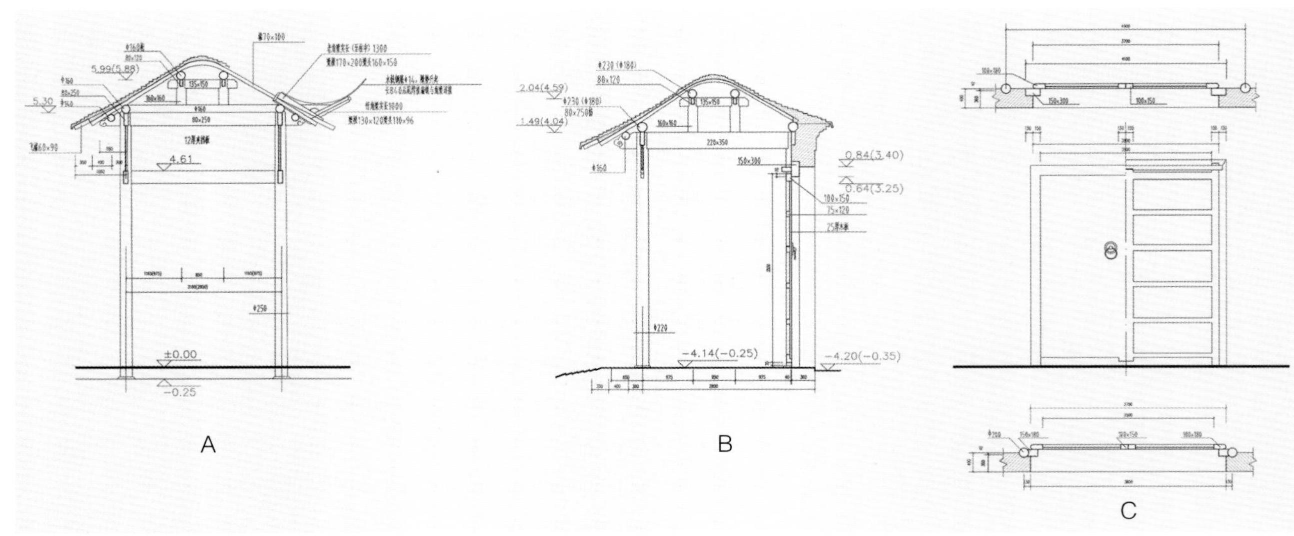

· 大成殿周围廊剖面图　A. A–A半亭（B–B侧亭）剖面图　B. D–D（E–E）便门剖面图　C. 便门大样

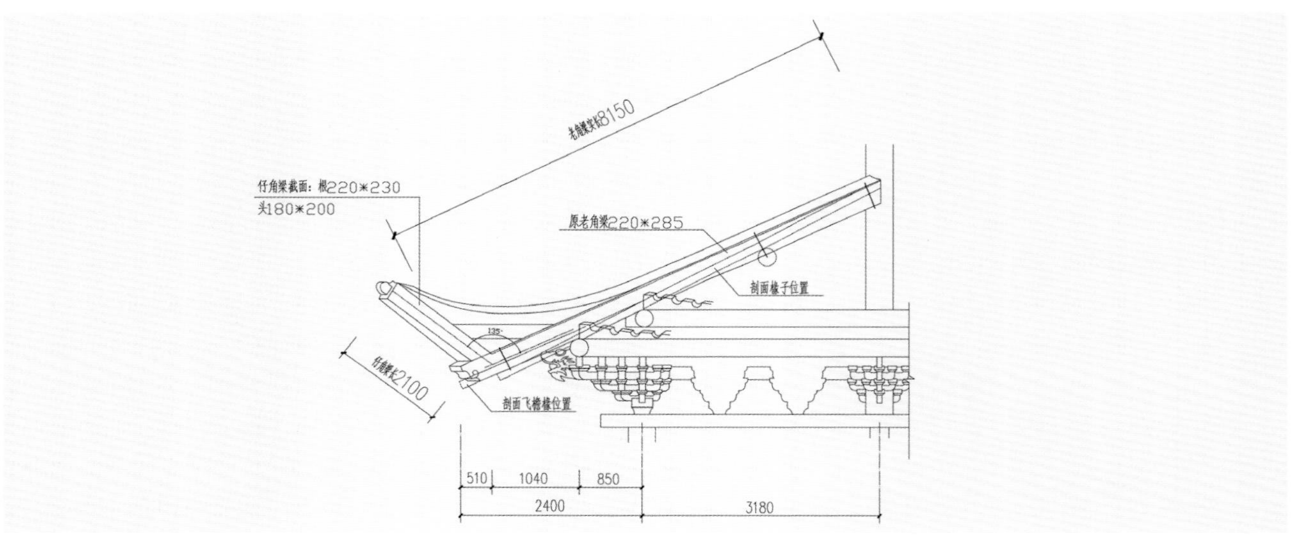

· 大成殿下檐角梁大样

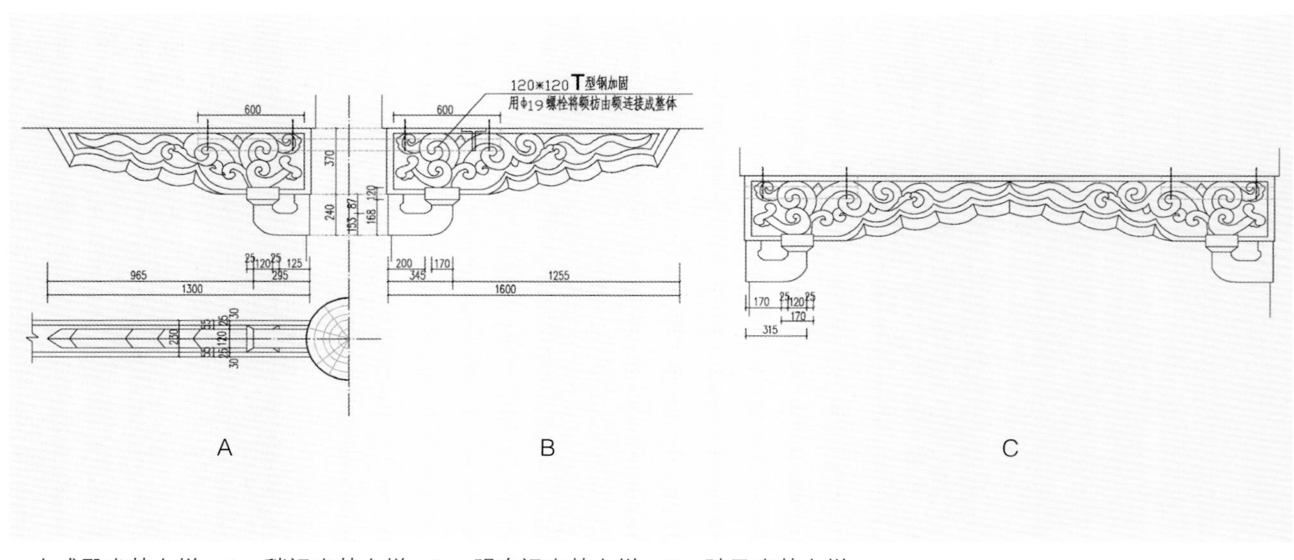

· 大成殿雀替大样　A. 稍间雀替大样　B. 明次间雀替大样　C. 骑马雀替大样

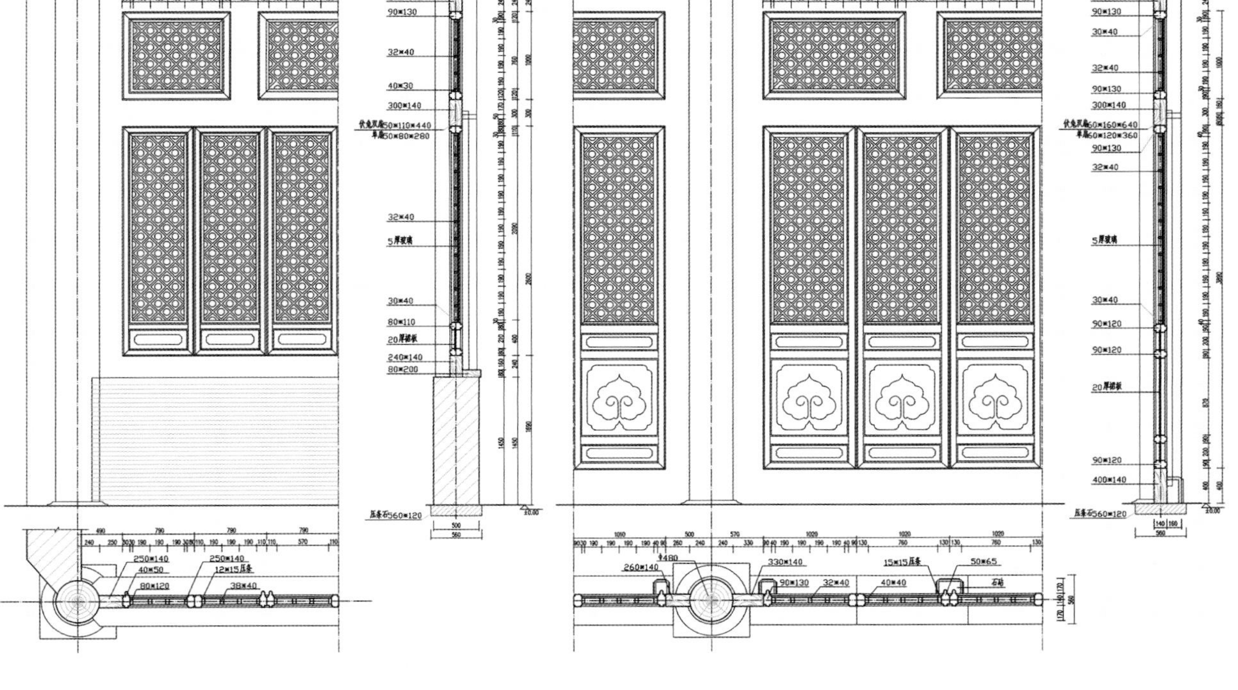

· 大成殿门窗大样

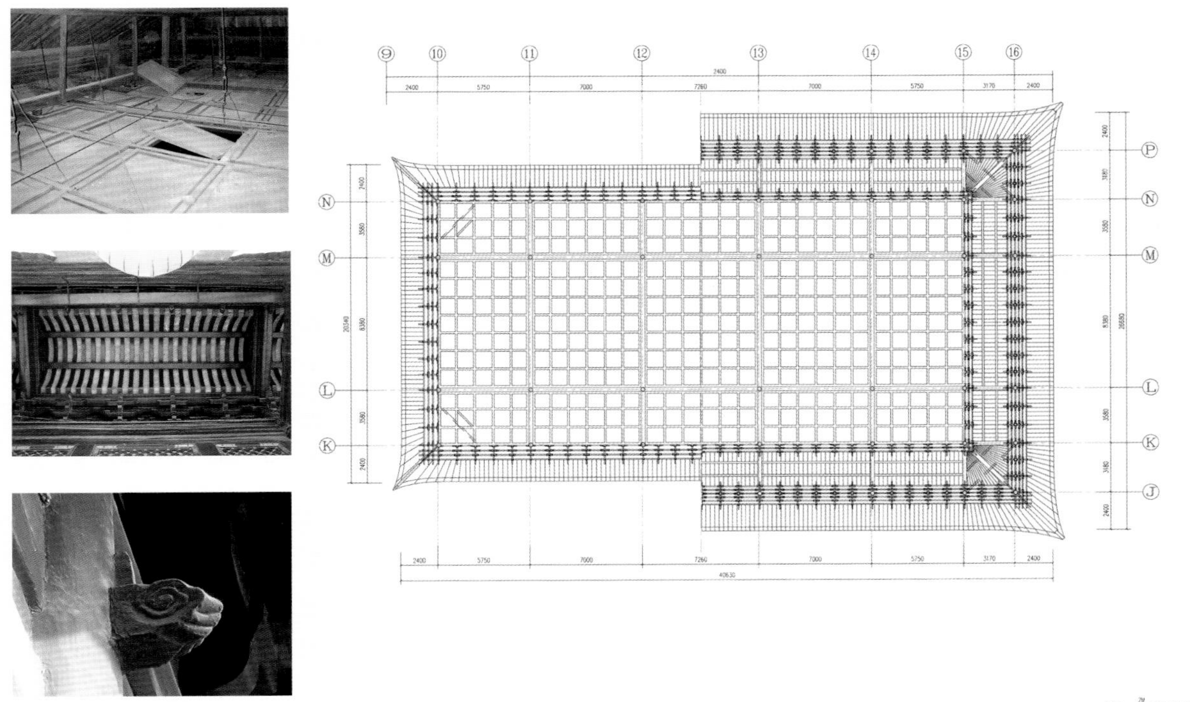

· 大成殿天花平面图

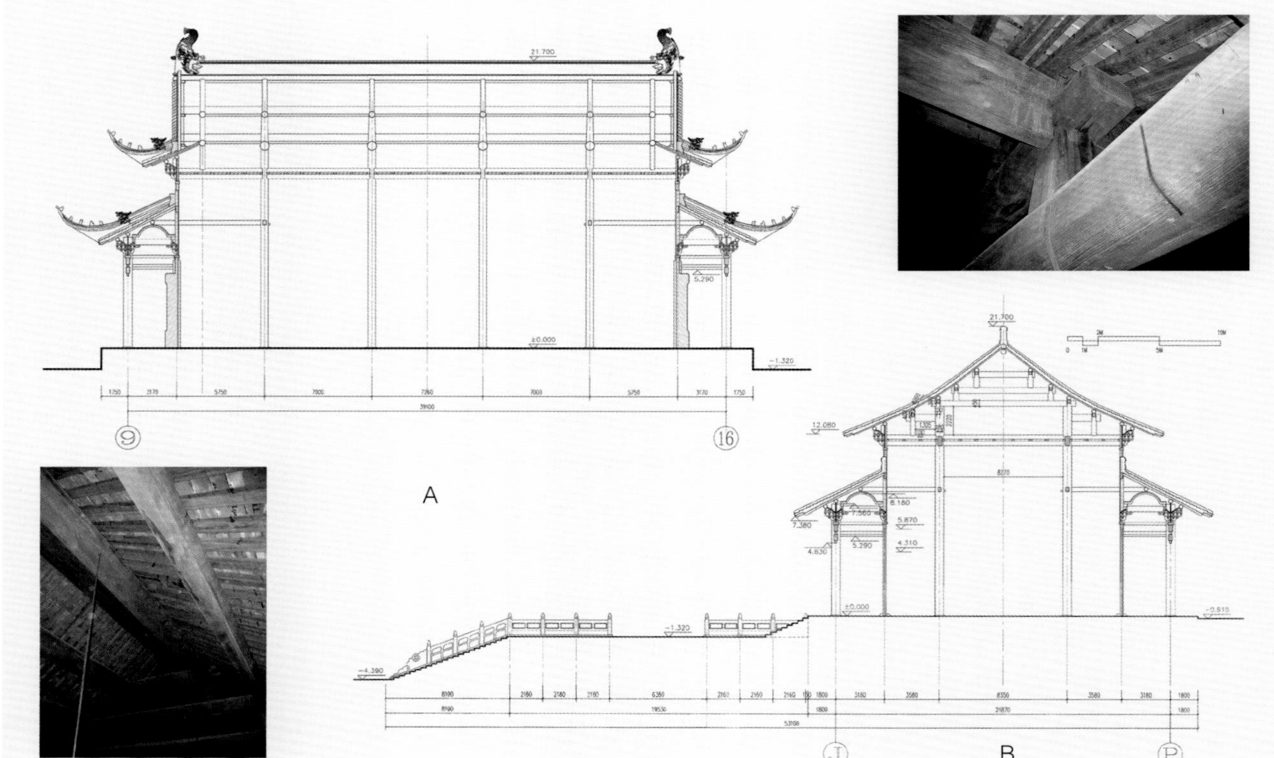

· A. 大成殿横剖面图　B. 大成殿纵剖面图

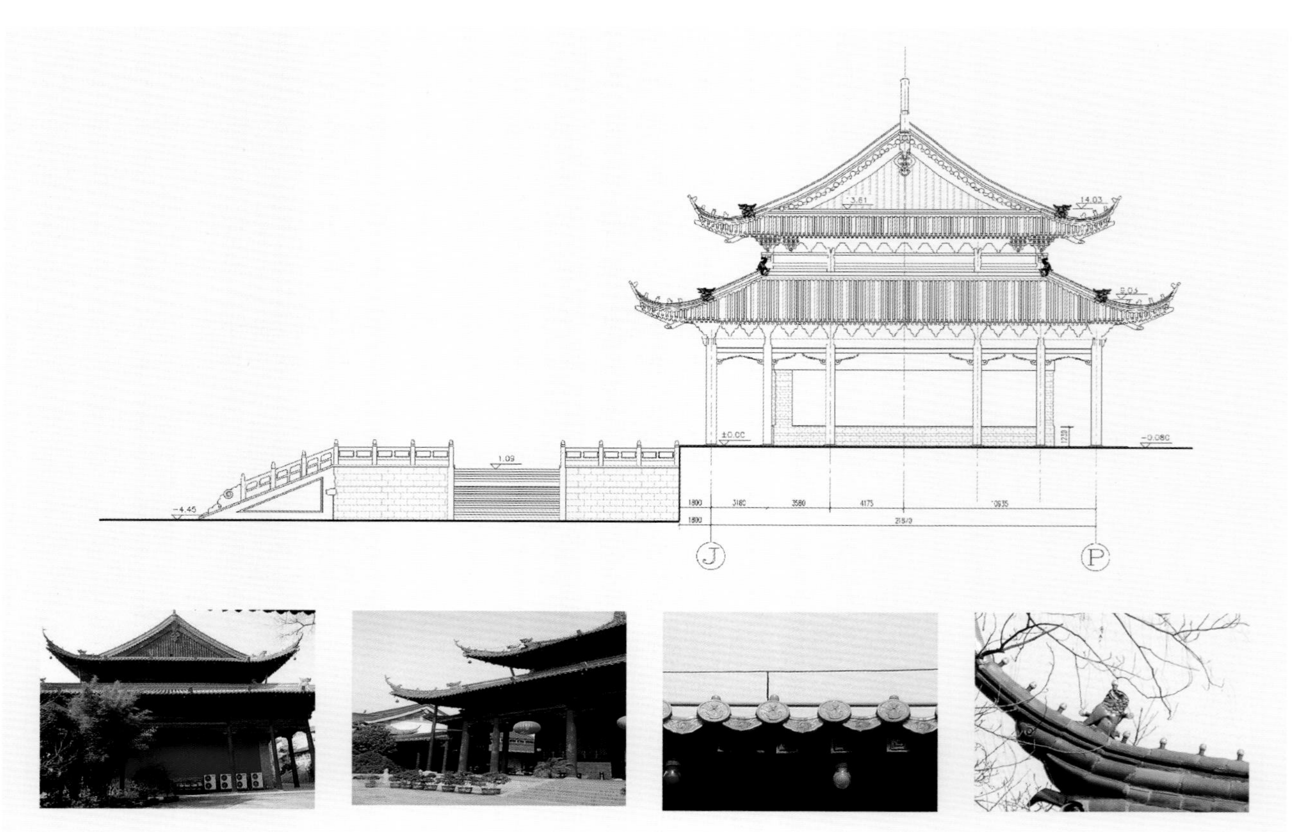

· 大成殿侧立面图

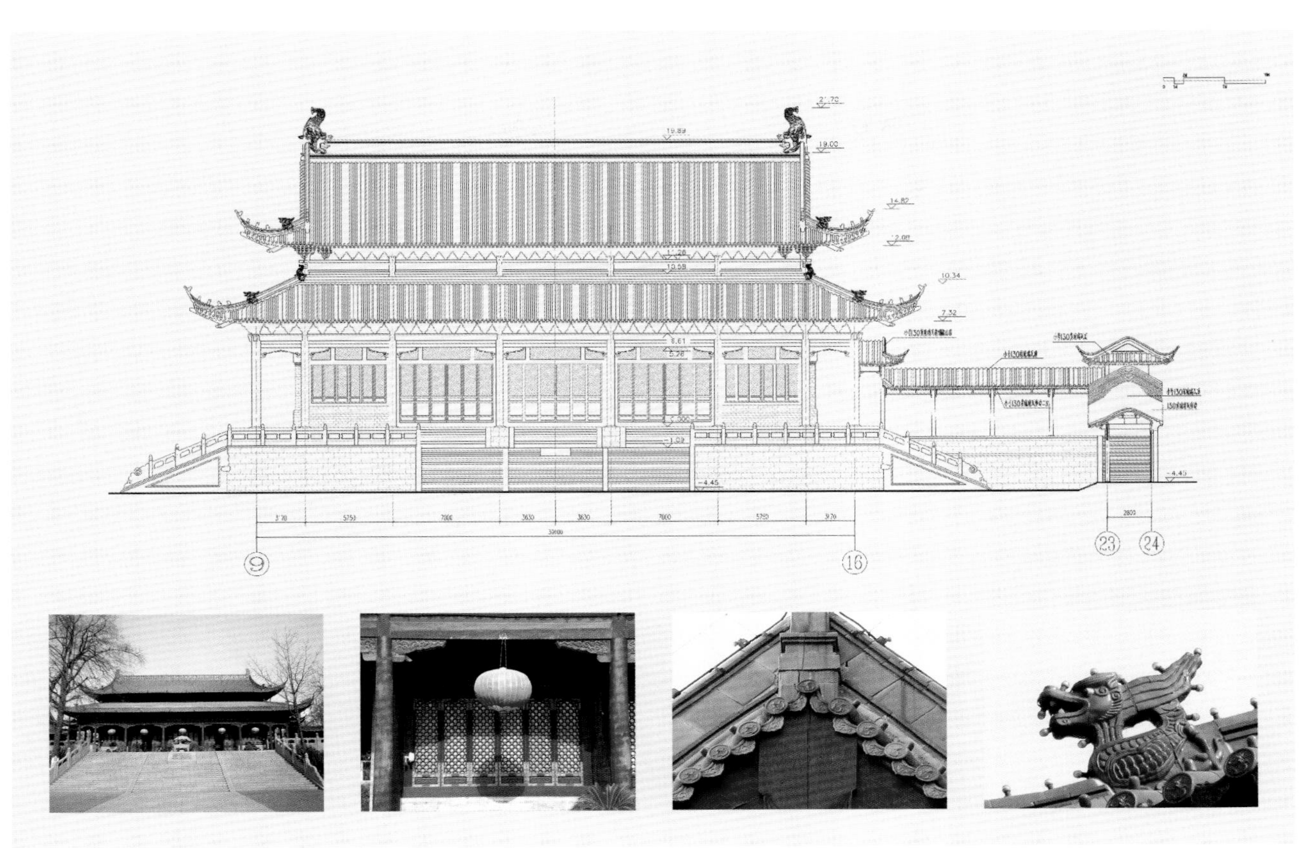

· 大成殿正立面图

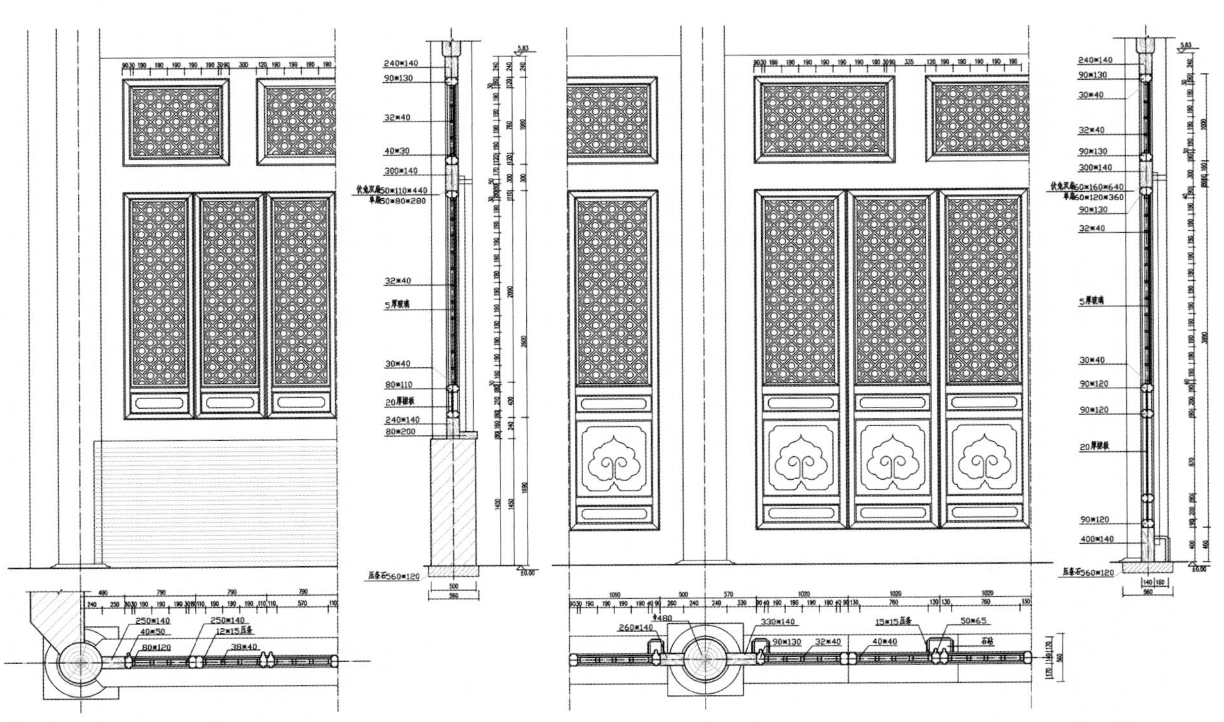

· 大成殿门窗大样

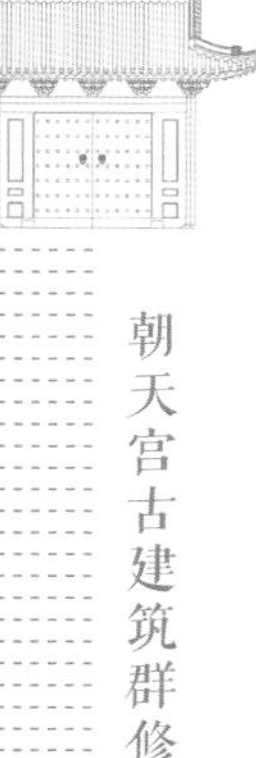

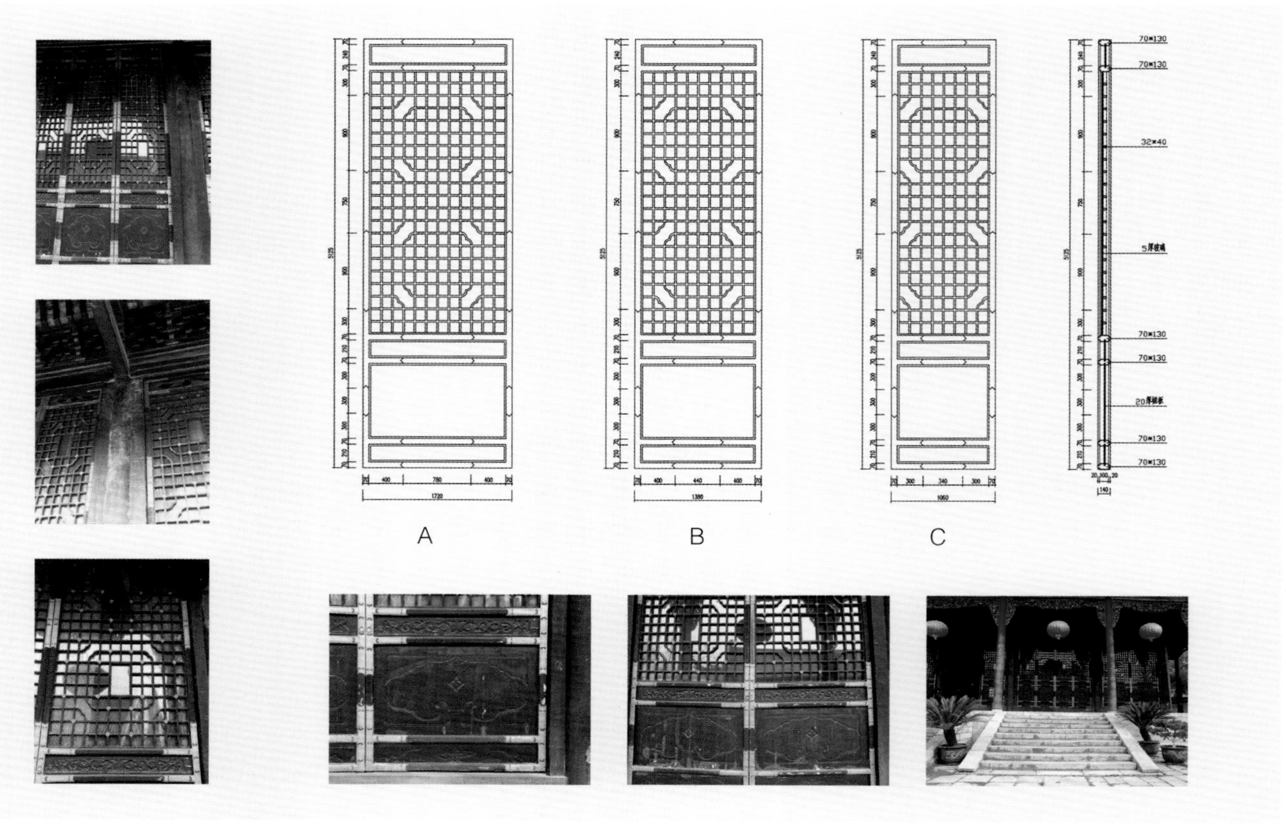

· 崇圣殿门窗大样　A. 稍间门扇（四扇）　B. 明间门扇（四扇）　C. 次间门扇（八扇）

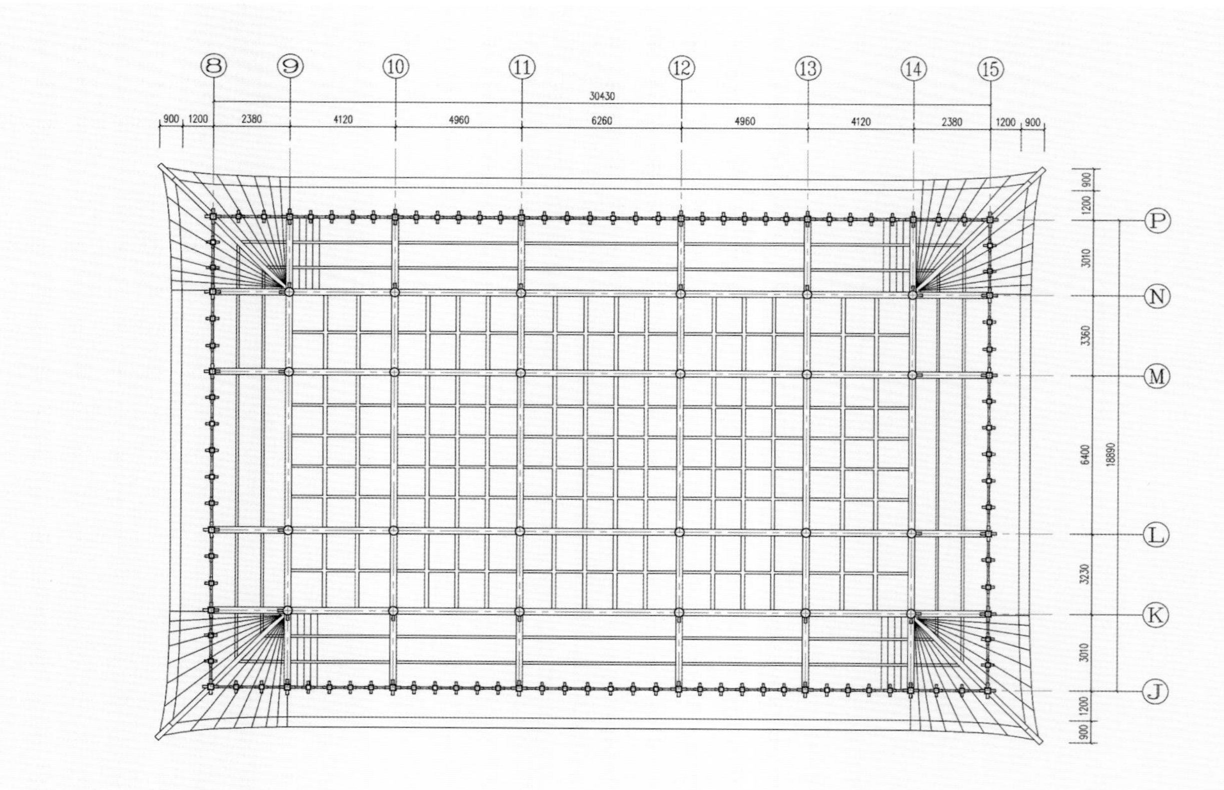

· 崇圣殿天花平面图

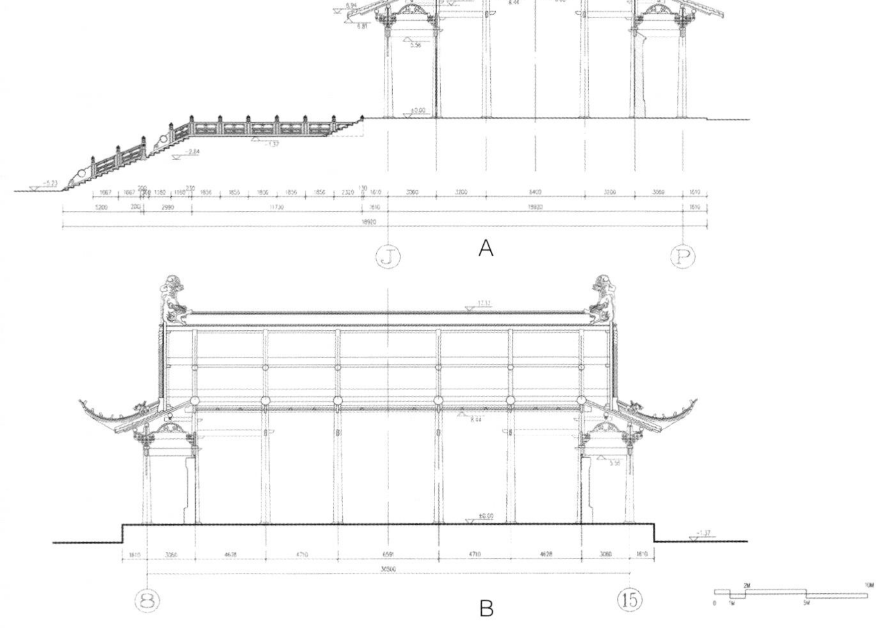

· A. 崇圣殿纵剖面图　B. 崇圣殿横剖面图

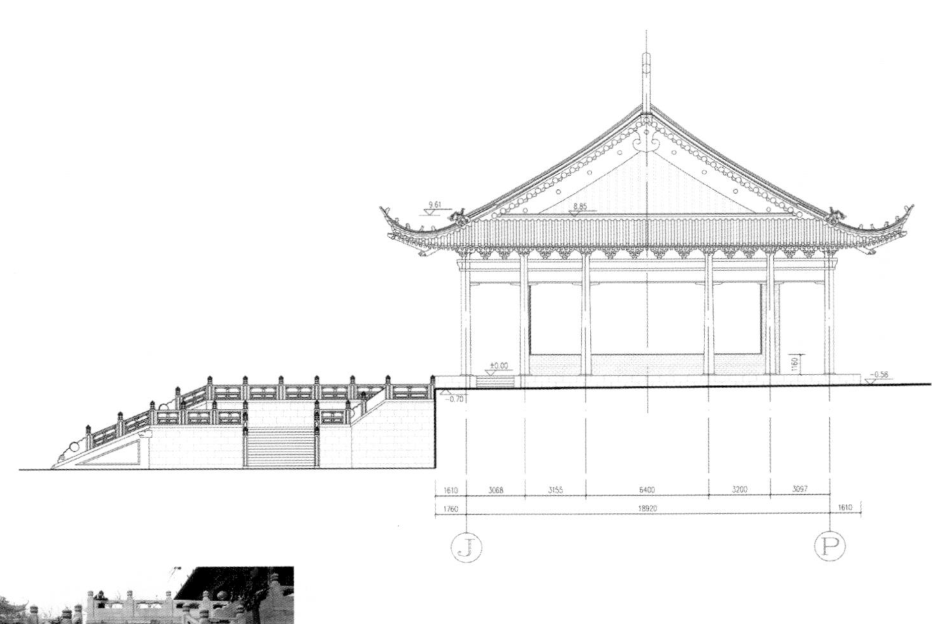

· 崇圣殿侧立面图

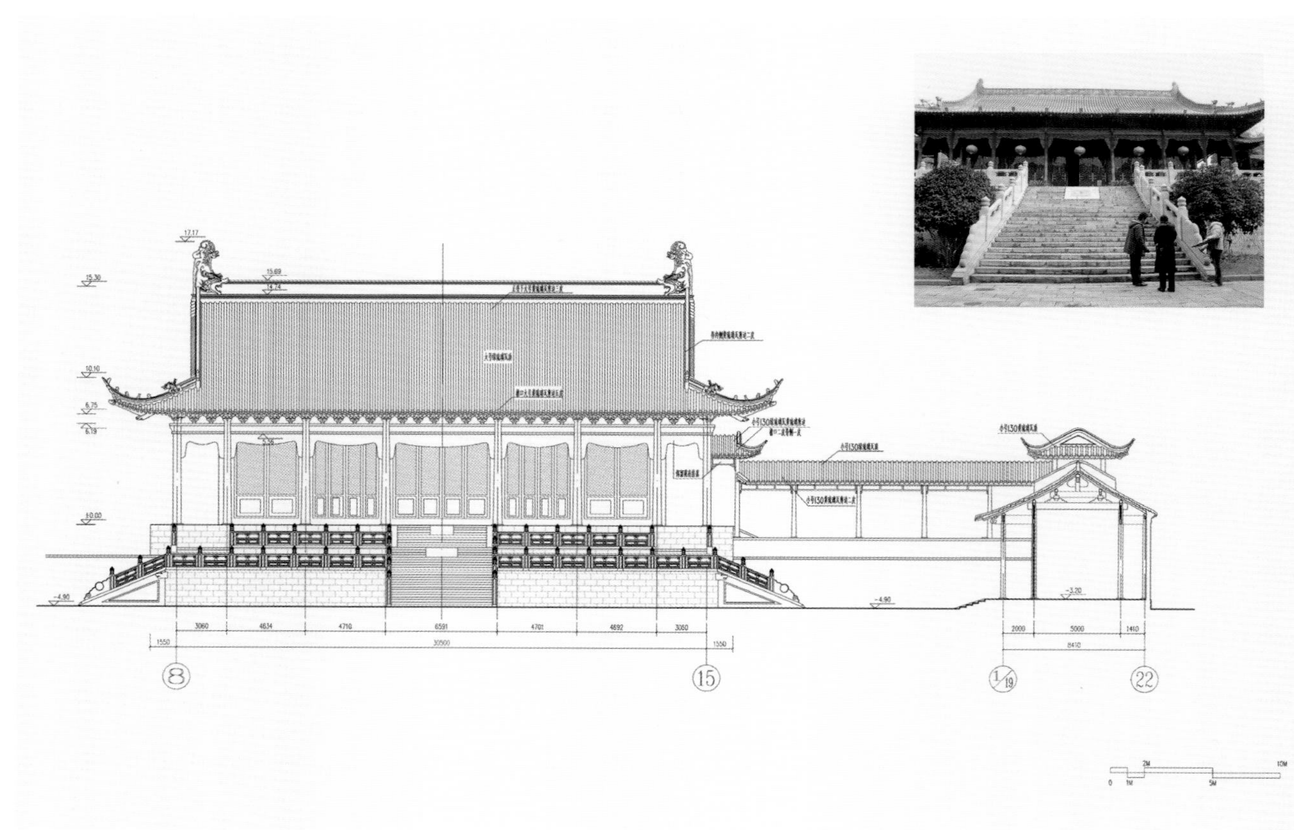

·崇圣殿正立面图

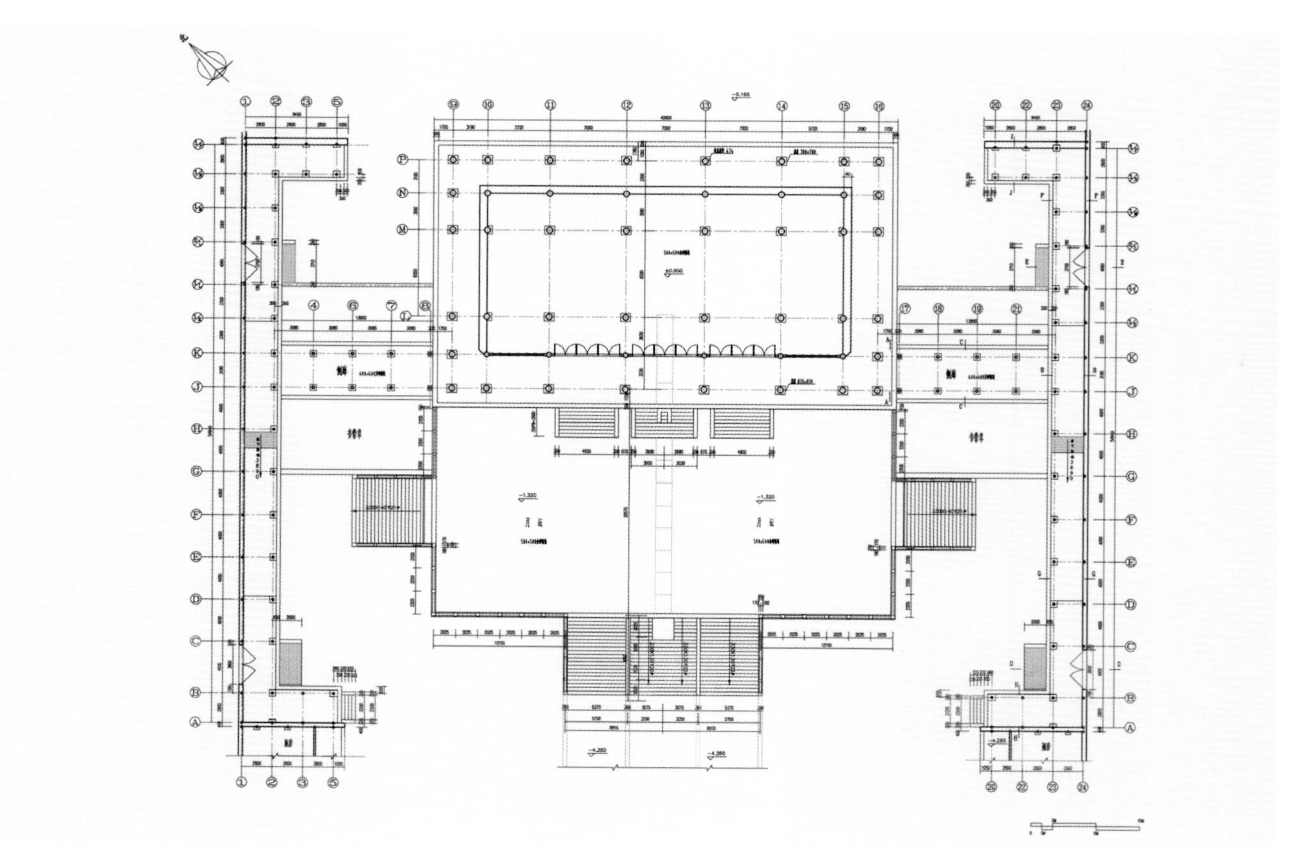

·大成殿平面图

· 朝天宫效果图

· 朝天宫范围与维修范围　A. 朝天宫范围　B. 揭顶大修范围　C. 正常维护范围

· 朝天宫建筑示意图

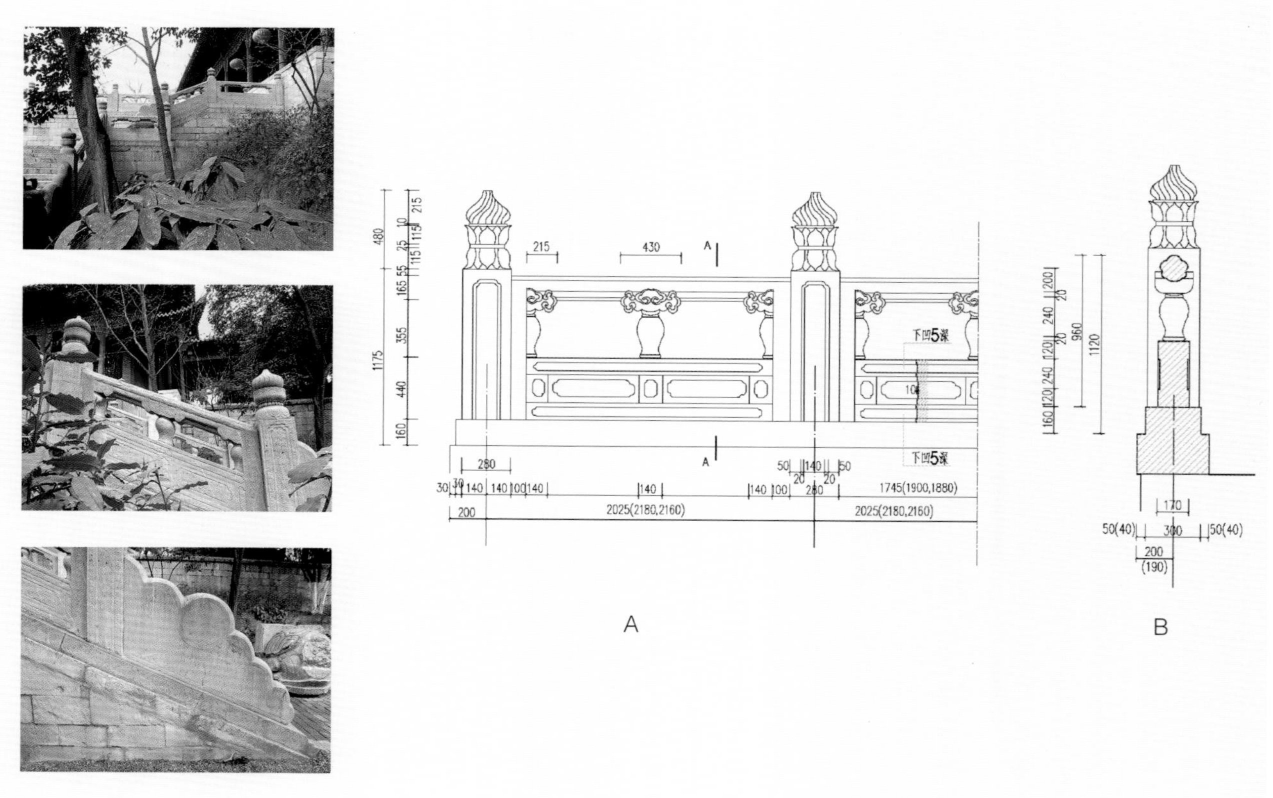

· A. 月坛栏杆大样　B. A–A剖面图

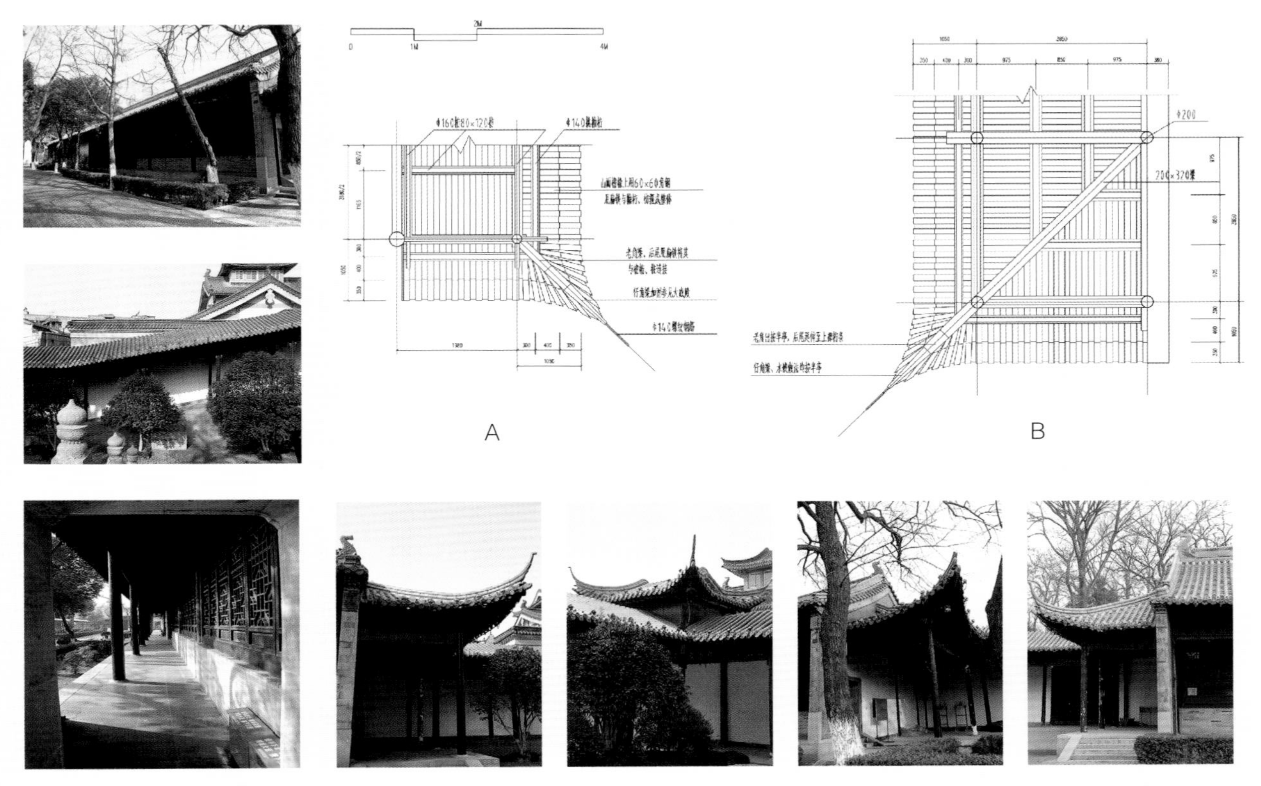

大成殿周围廊翼角仰视平面图 · A. 半亭屋顶仰视平面图（注：侧亭翼角做法同半亭） B. 厢房侧廊翼角仰视图

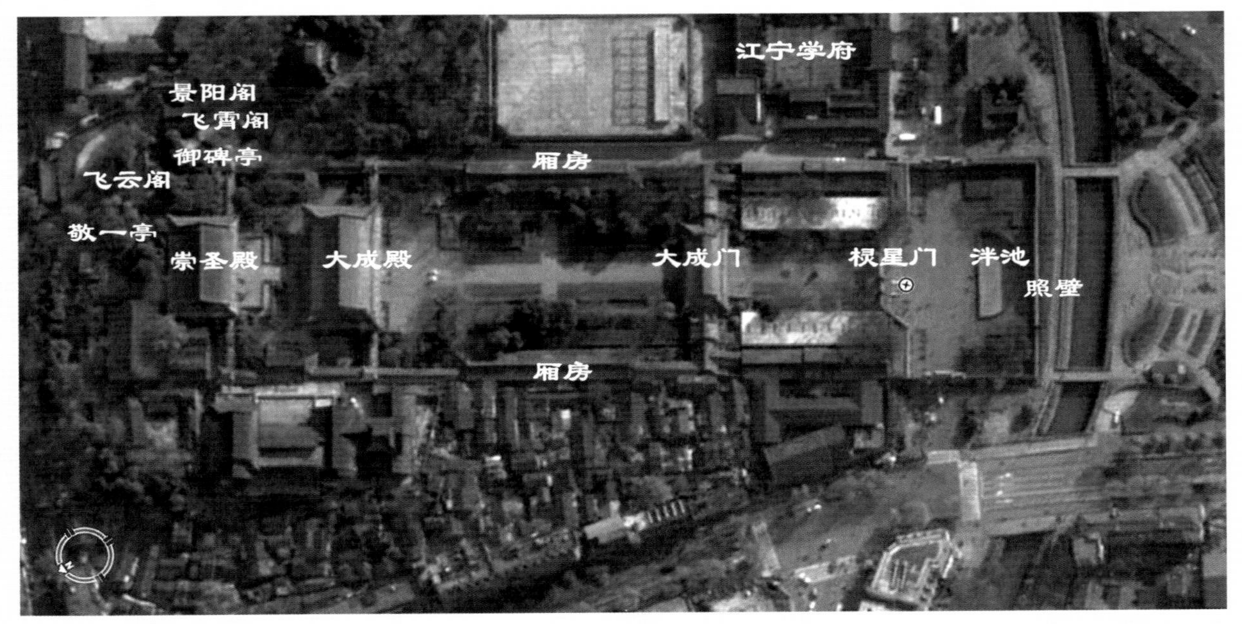

· 朝天宫建筑示意图

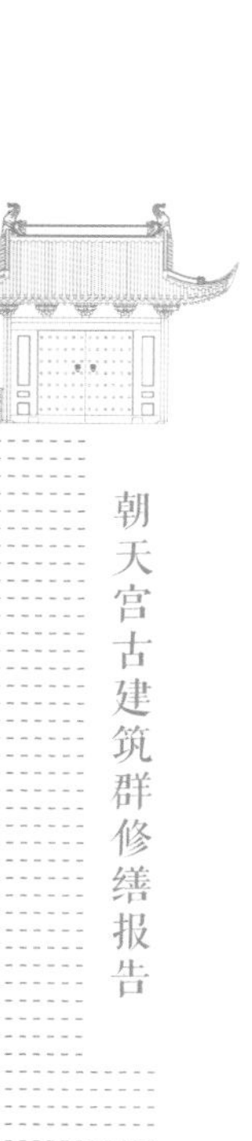

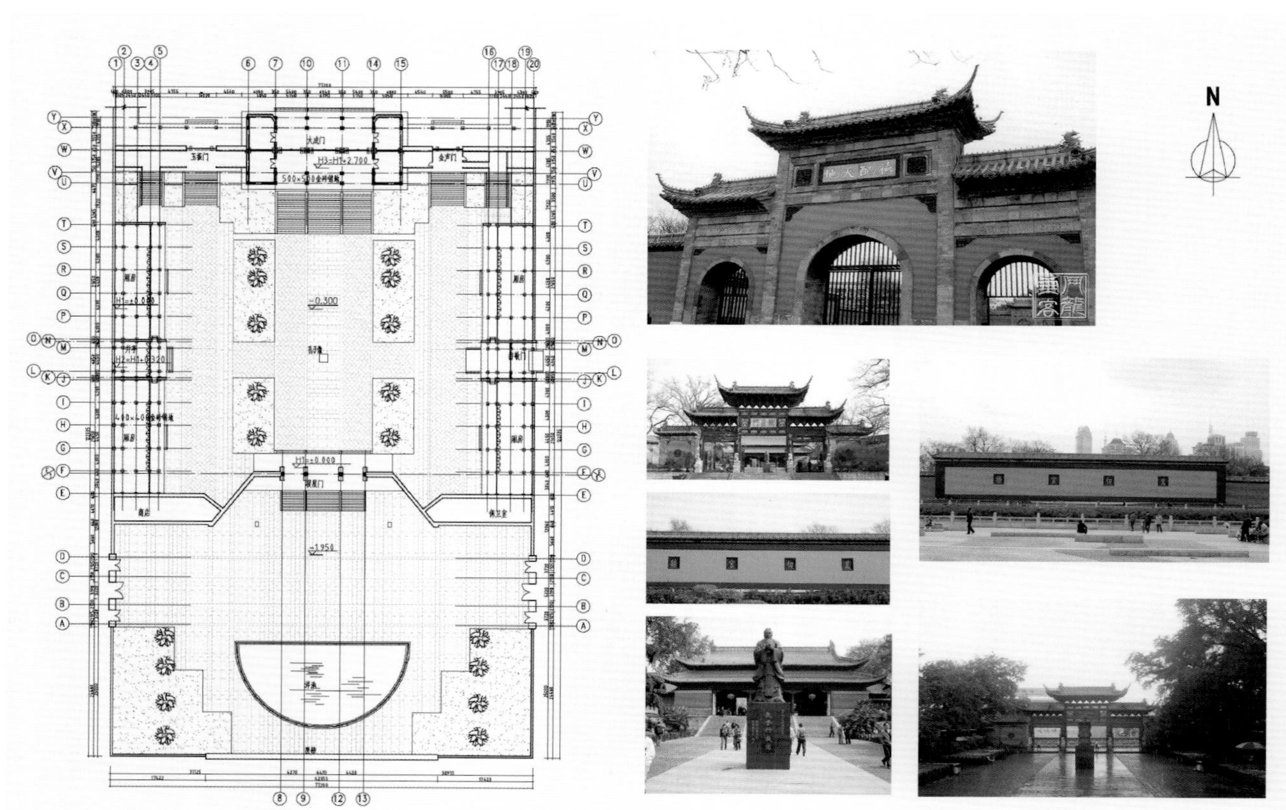

· 总平面图

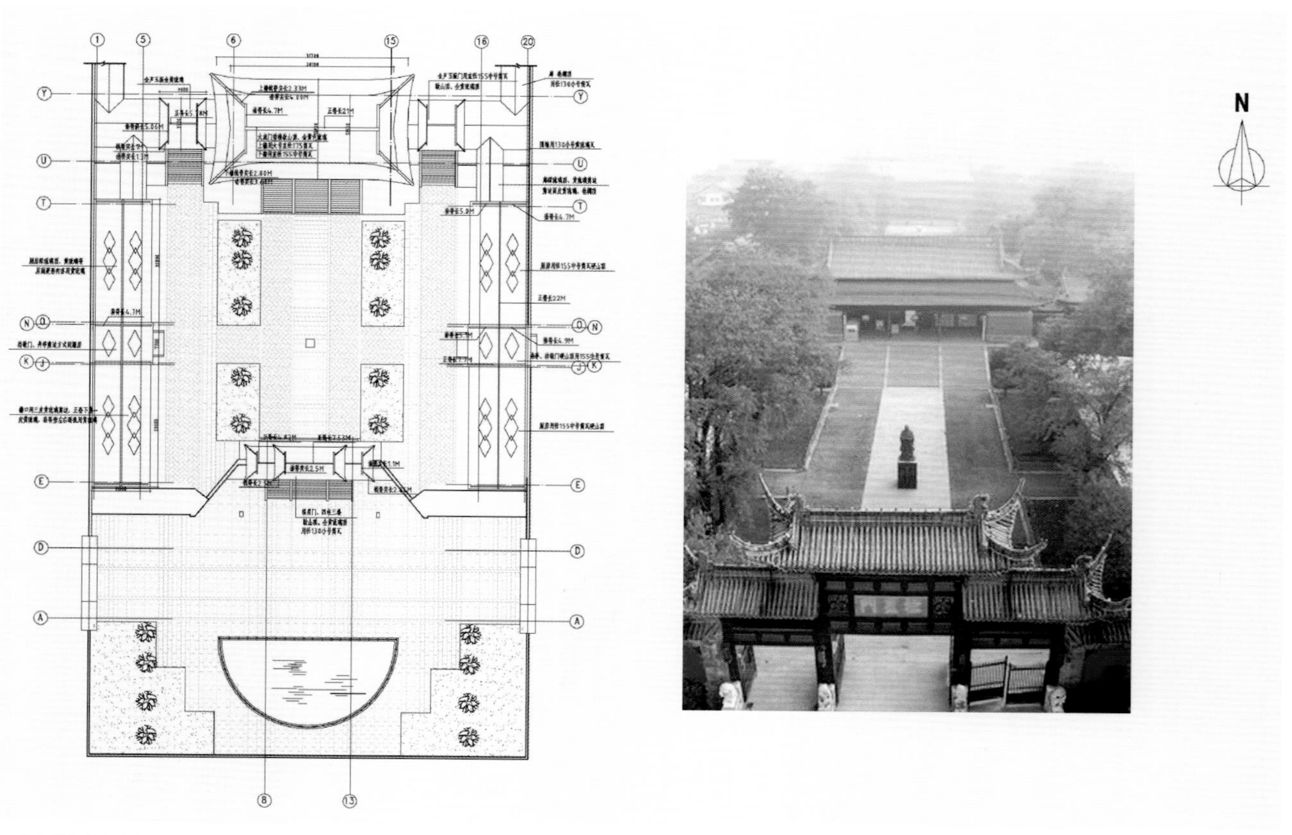

· 屋顶平面图

· 朝天宫范围与维修范围　A. 朝天宫范围　B. 正常维护范围　C. 重点维修范围

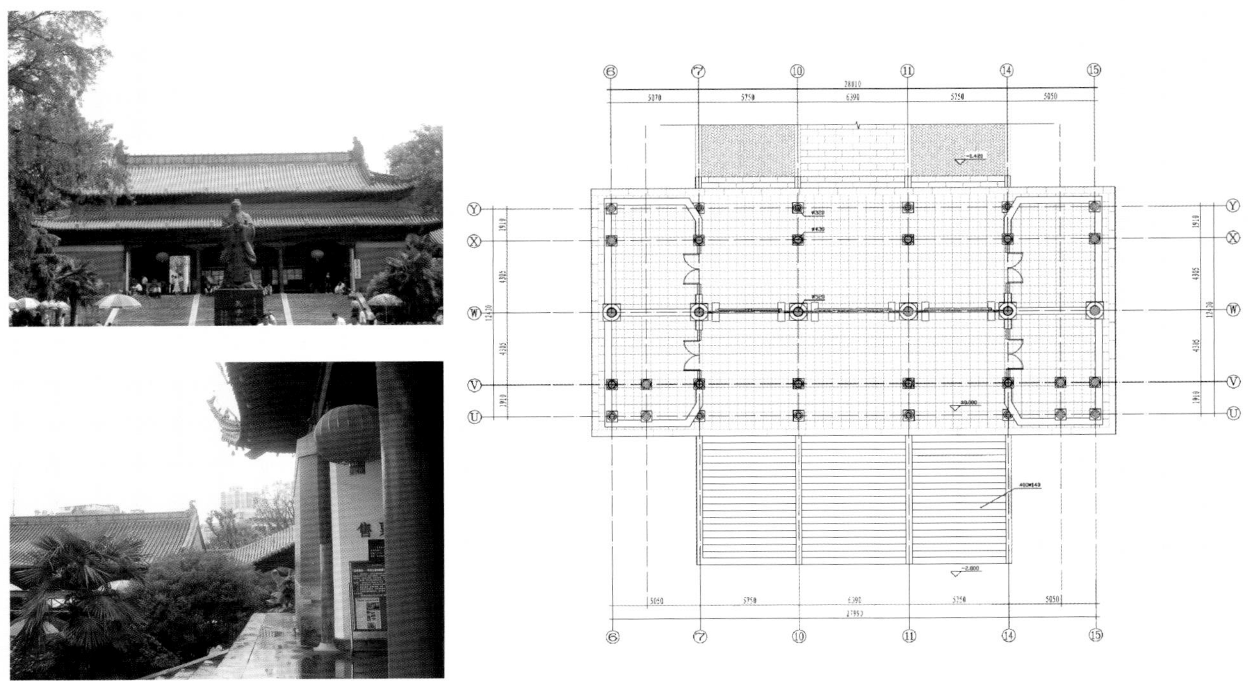

· 大成门平面图

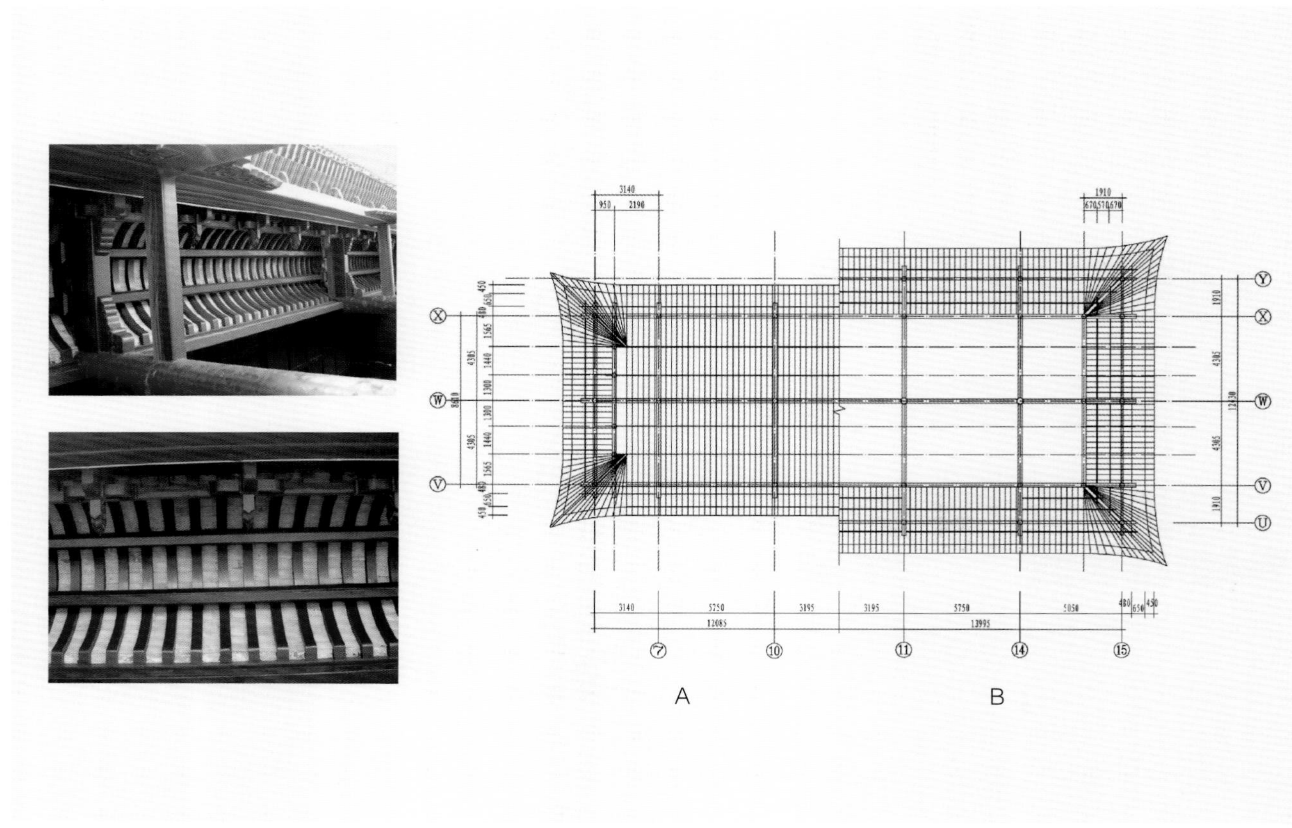

· A. 大成门上层屋架结构图　B. 大成门下层屋架结构图

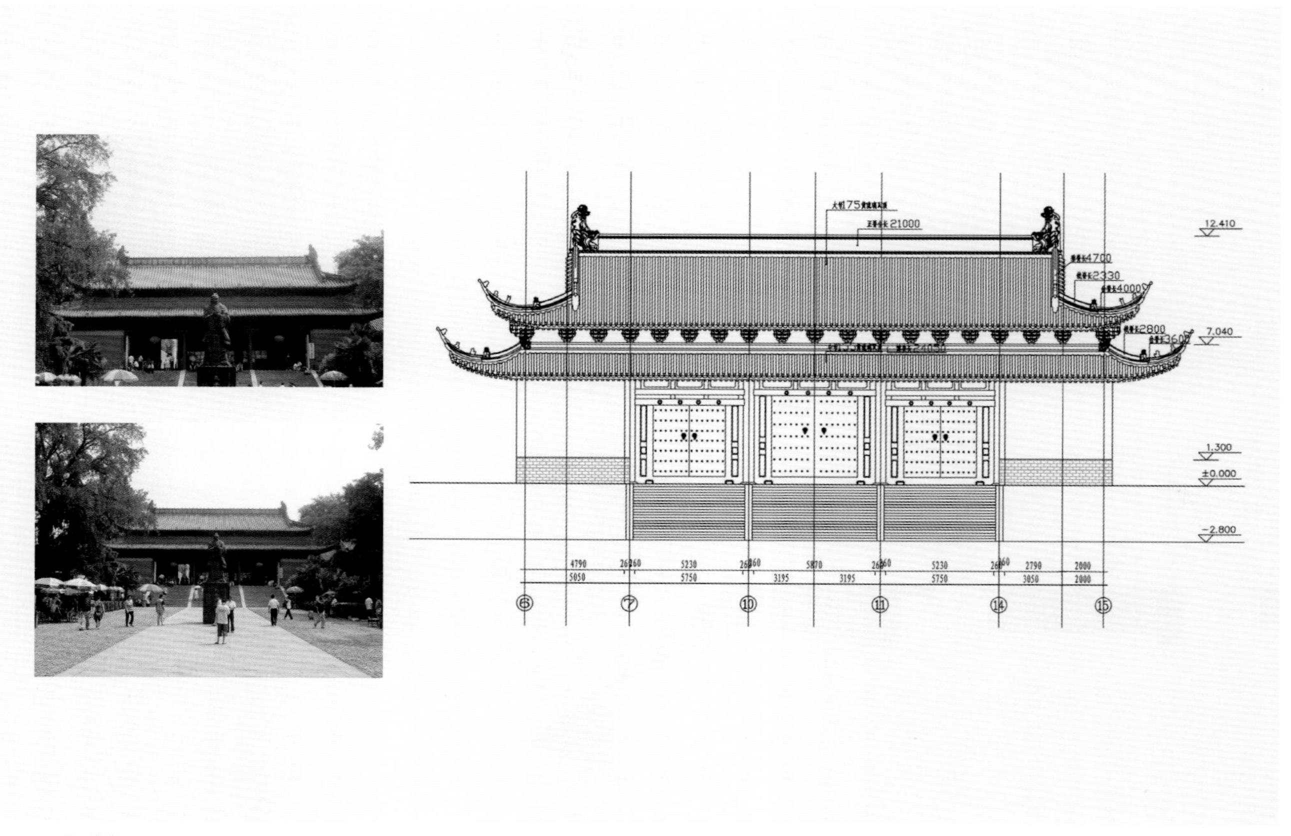

· A. 大成门立面图

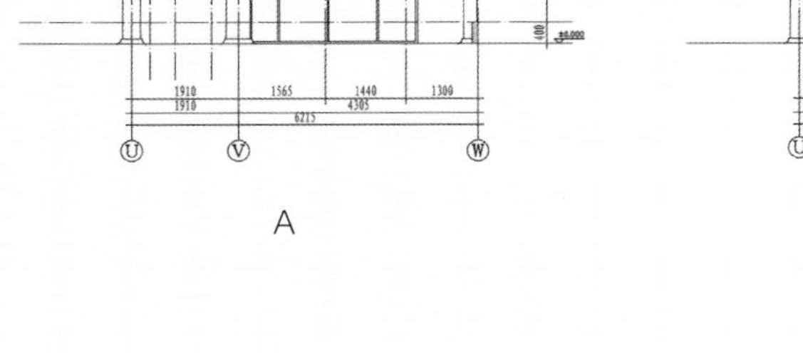

A

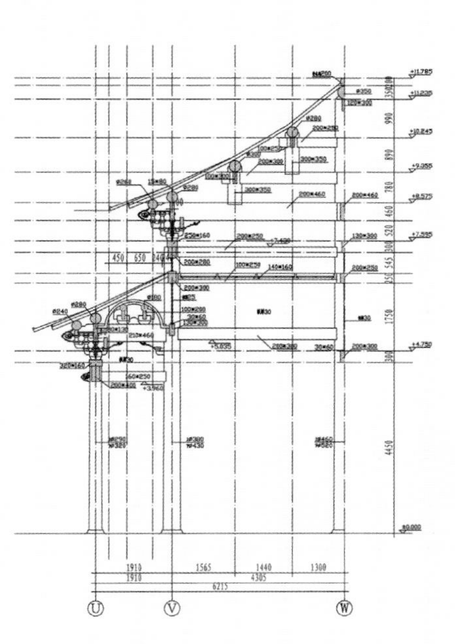

B

◎ 修缮篇 ◎

· A. 大成门明间剖面图　B. 大成门稍间剖面图

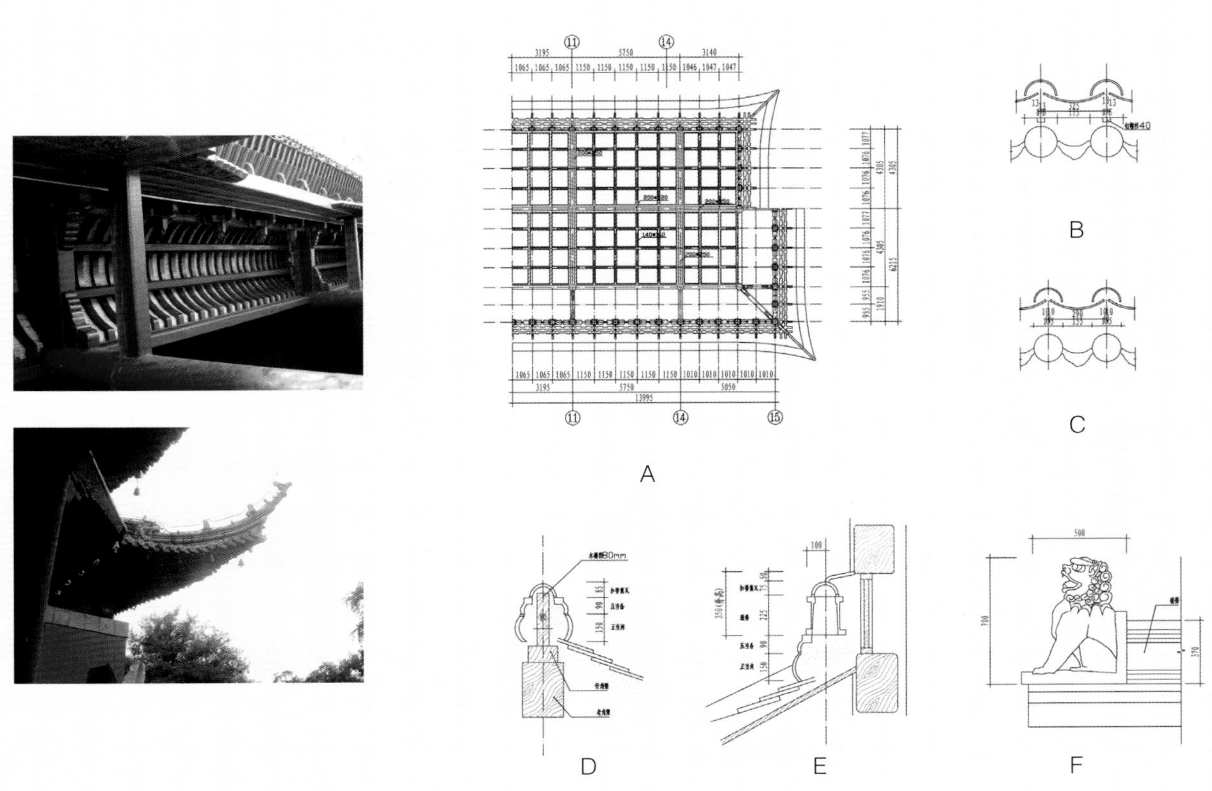

A　B　C　D　E　F

· A. 棋盘顶分隔及斗拱排列图　B. 大号筒瓦、板瓦大样　C. 中号筒瓦、板瓦大样
D. 大成门岔脊剖面图　E. 大成门博脊剖面图　F. 大成门垂兽、戗兽

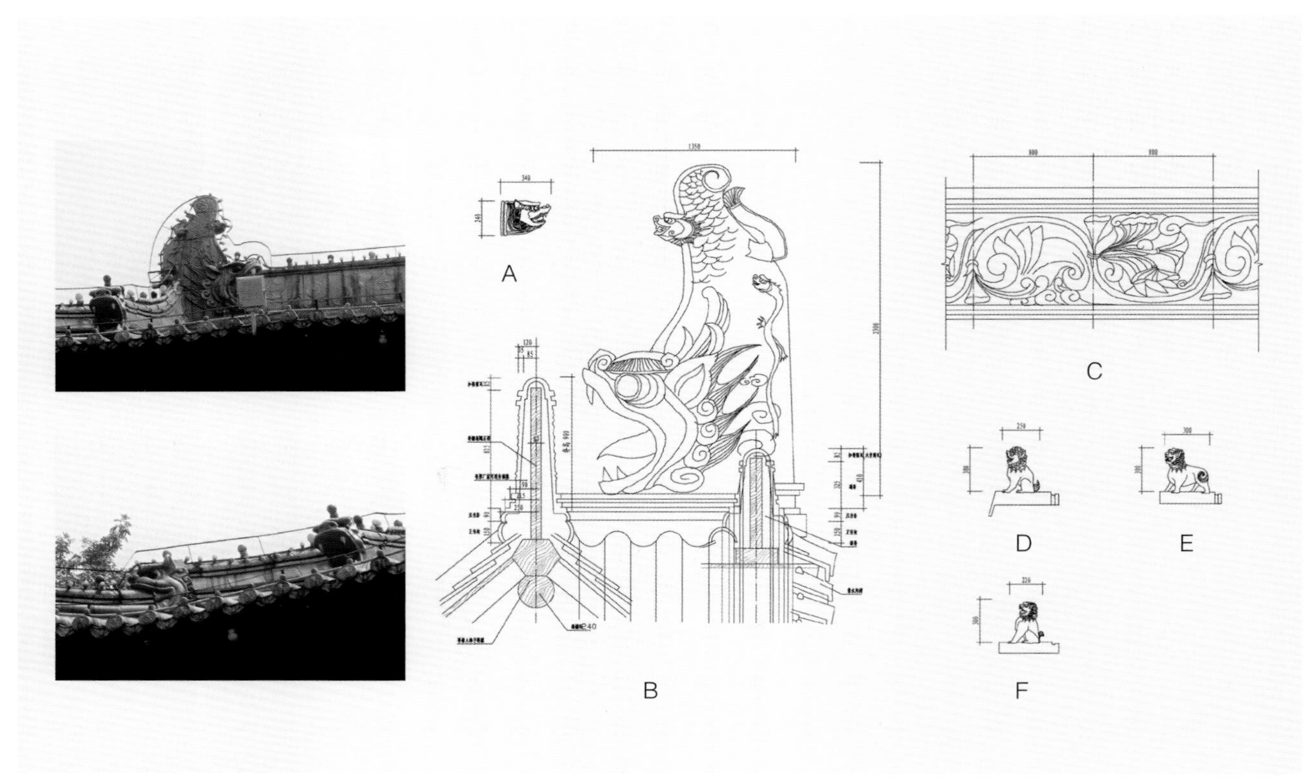

· 大成门套兽图：上檐：高240、长240、宽240　下檐：高200、长200、宽200
金声玉振门、棂星门套兽：高200、长200、宽200　A. 大成门上檐套兽　B. 大成门正吻、正脊、垂脊剖面图
C. 大成门正脊上之卷草（浮雕）　D. 钩头狮　E. 走狮　F. 坐狮

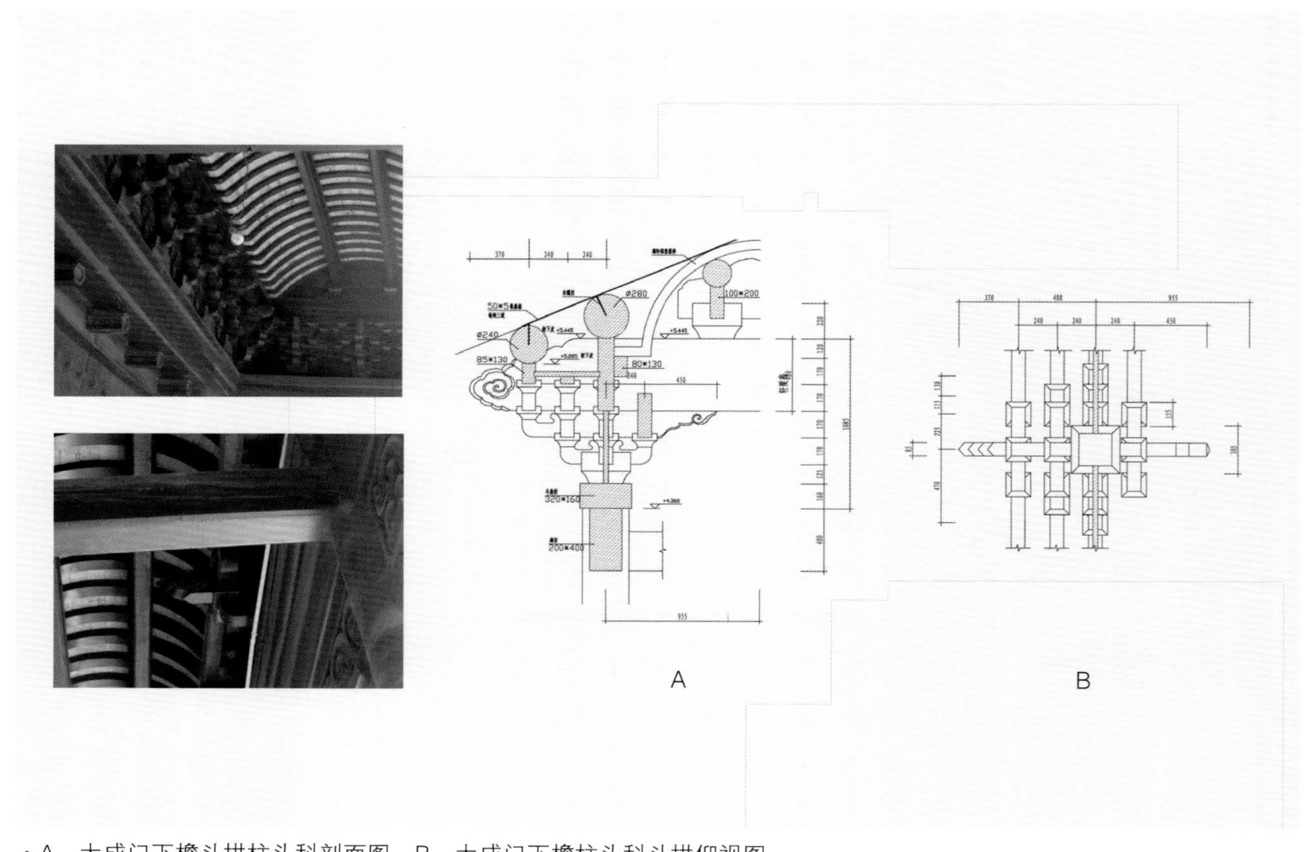

· A. 大成门下檐斗拱柱头科剖面图　B. 大成门下檐柱头科斗拱仰视图

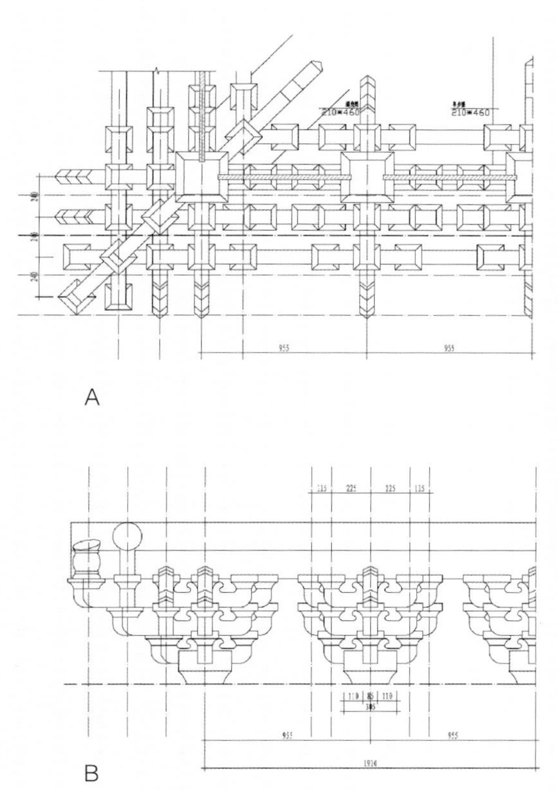

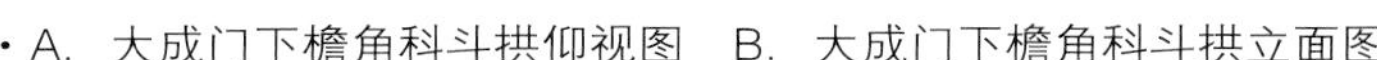

• A. 大成门下檐角科斗拱仰视图 B. 大成门下檐角科斗拱立面图

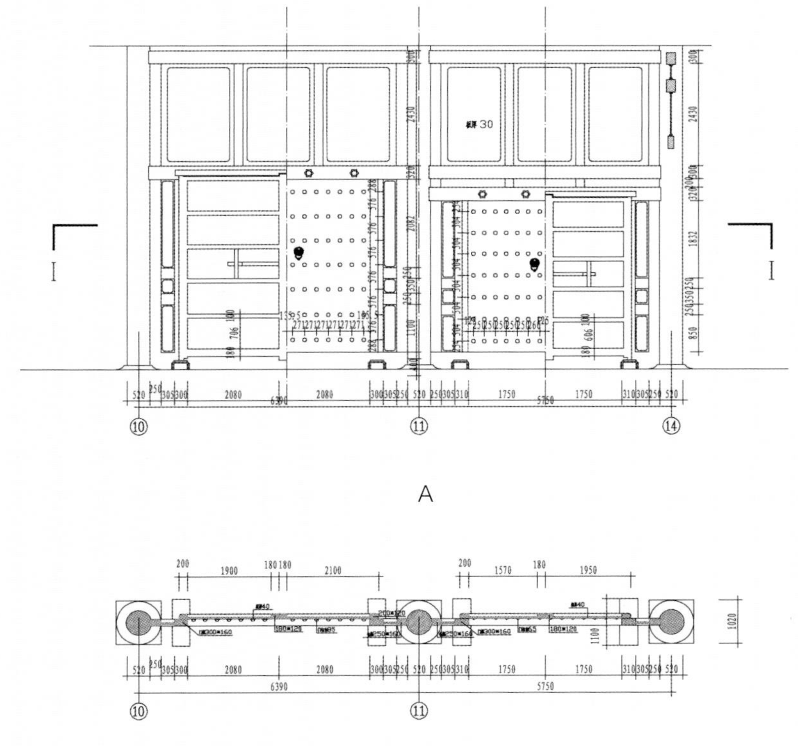

• A. 大成门明次间立面图 B. 大成门I–I剖面图

朝天宫古建筑群修缮报告

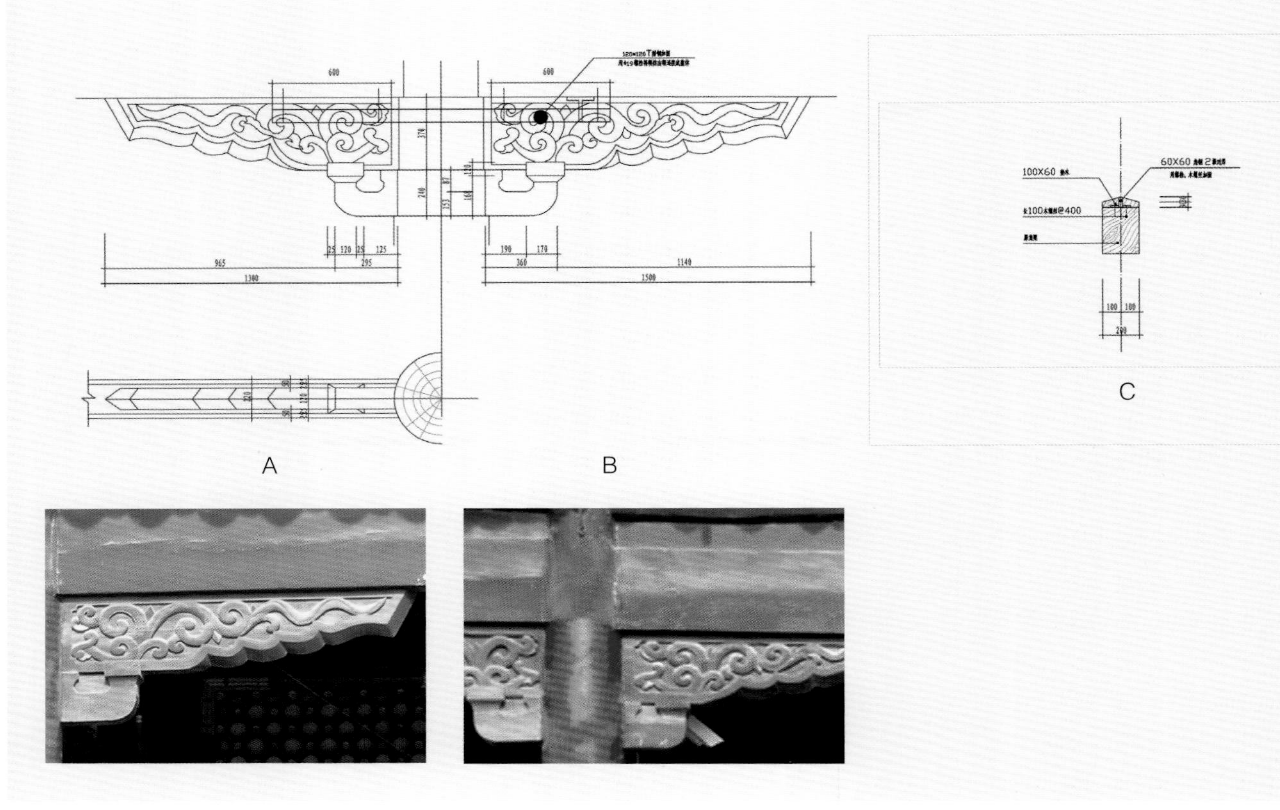

· A. 稍间雀替大样 B. 明次间雀替大样 C. 大成门角梁加固大样

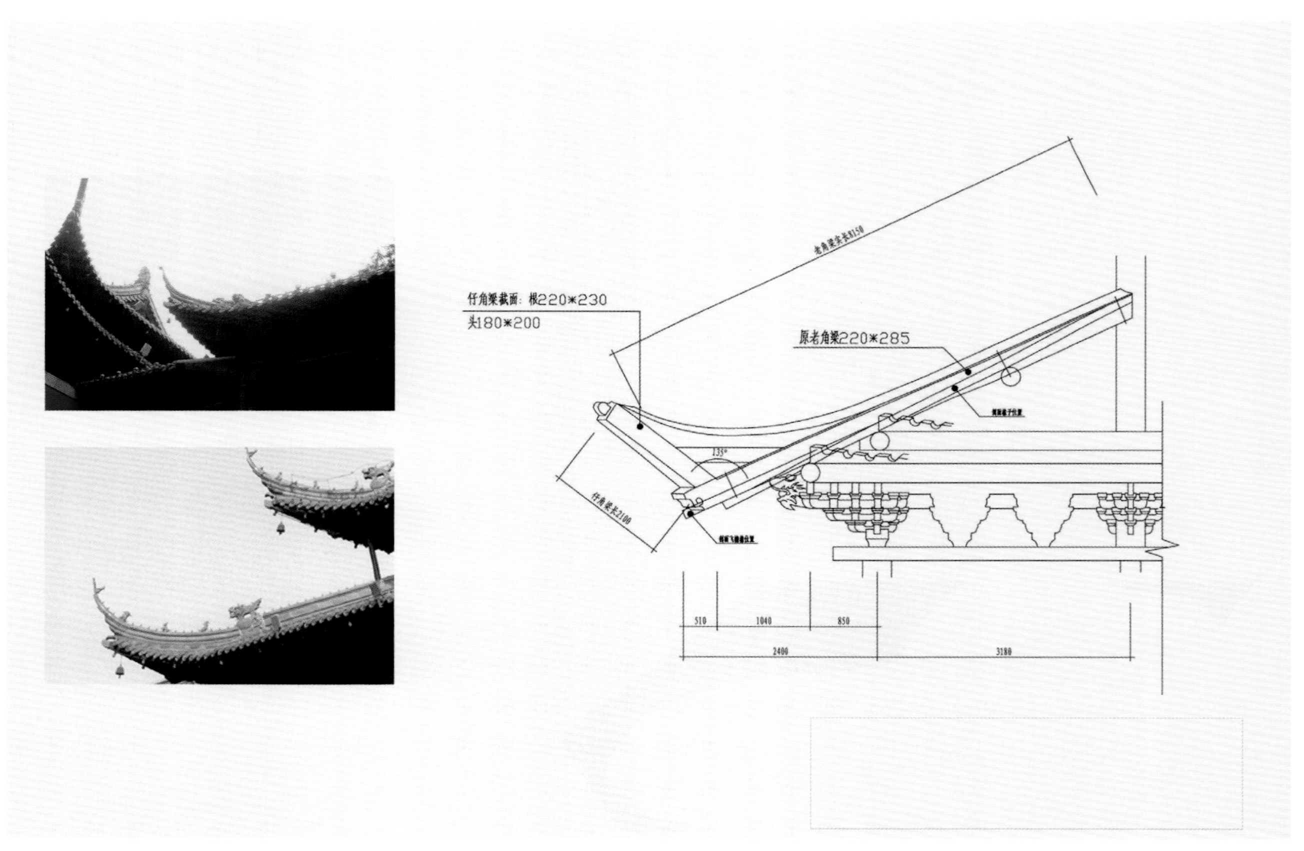

· 大成门下檐角梁大样

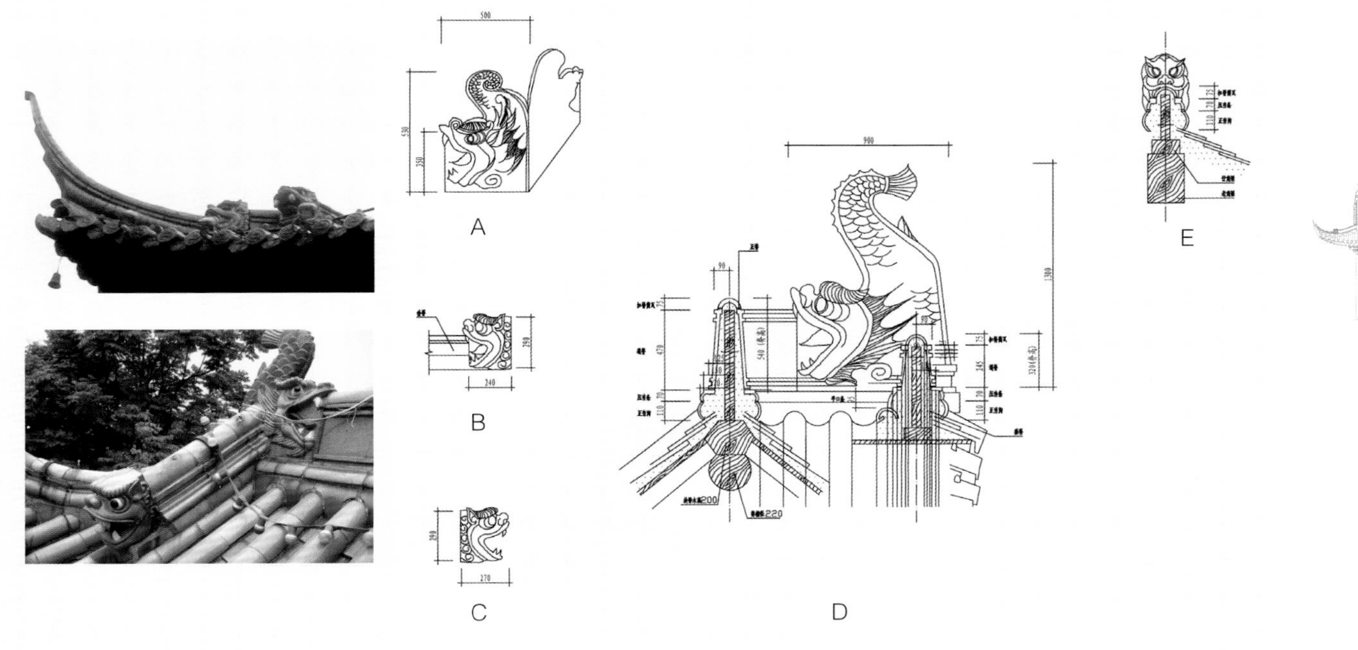

· 1. 大成门戗脊之通脊高285，金声、玉振门、戗脊之通脊高215，其他尺寸、做法同各门之垂脊 2. 井亭、持经门正脊高700，垂脊高400、正吻高1750，形制参照金声、玉振门做法 3. 棂星门正脊高500，垂脊高300，正吻高1100、形制参照金声、玉振门做法（注：1. 厢房正脊、垂脊、正吻、垂兽尺寸同金声玉振门。2. 井亭、持敬门垂兽高370长350，棂星门垂兽高280、长260，形制同金声玉振门。）A. 大成门合角吻 B. 金声、玉振门戗兽 C. 金声、玉振门垂兽 D. 金声、玉振门正吻及正脊、垂脊剖面图 E. 金声、玉振门岔脊剖面图

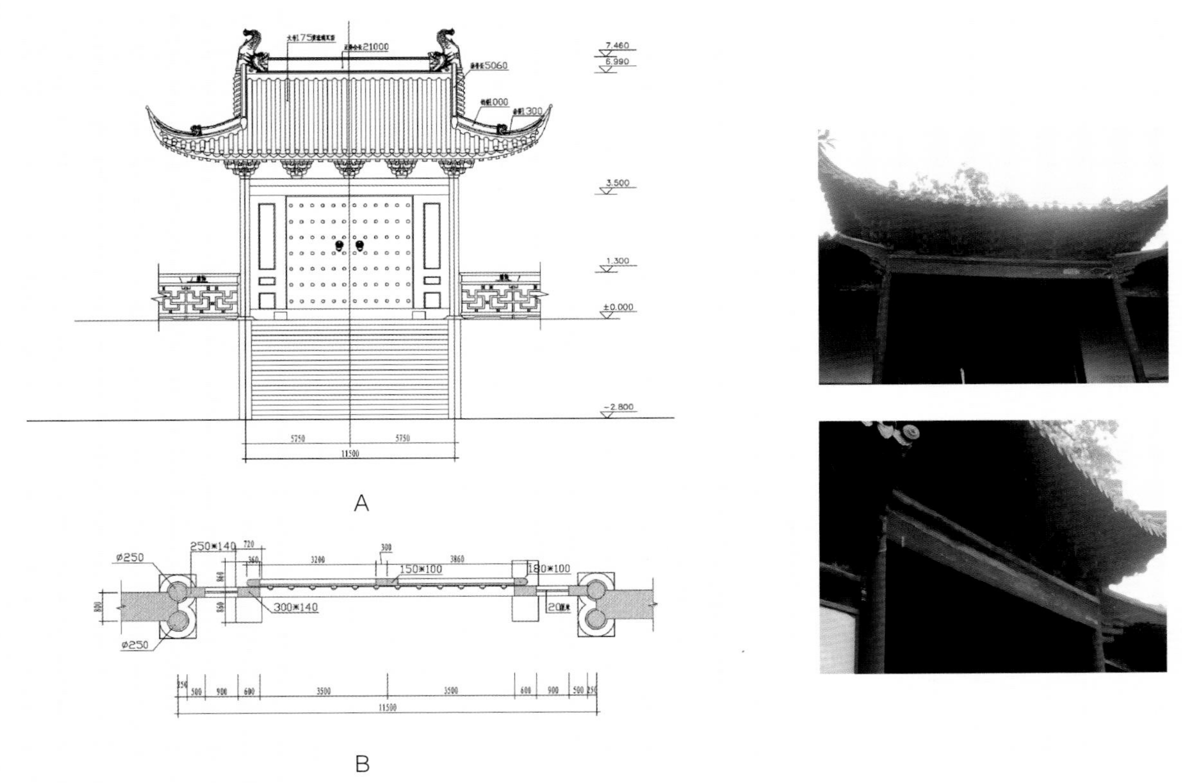

· A. 金声、玉振门立面图 B. 金声玉振门大门横断面图

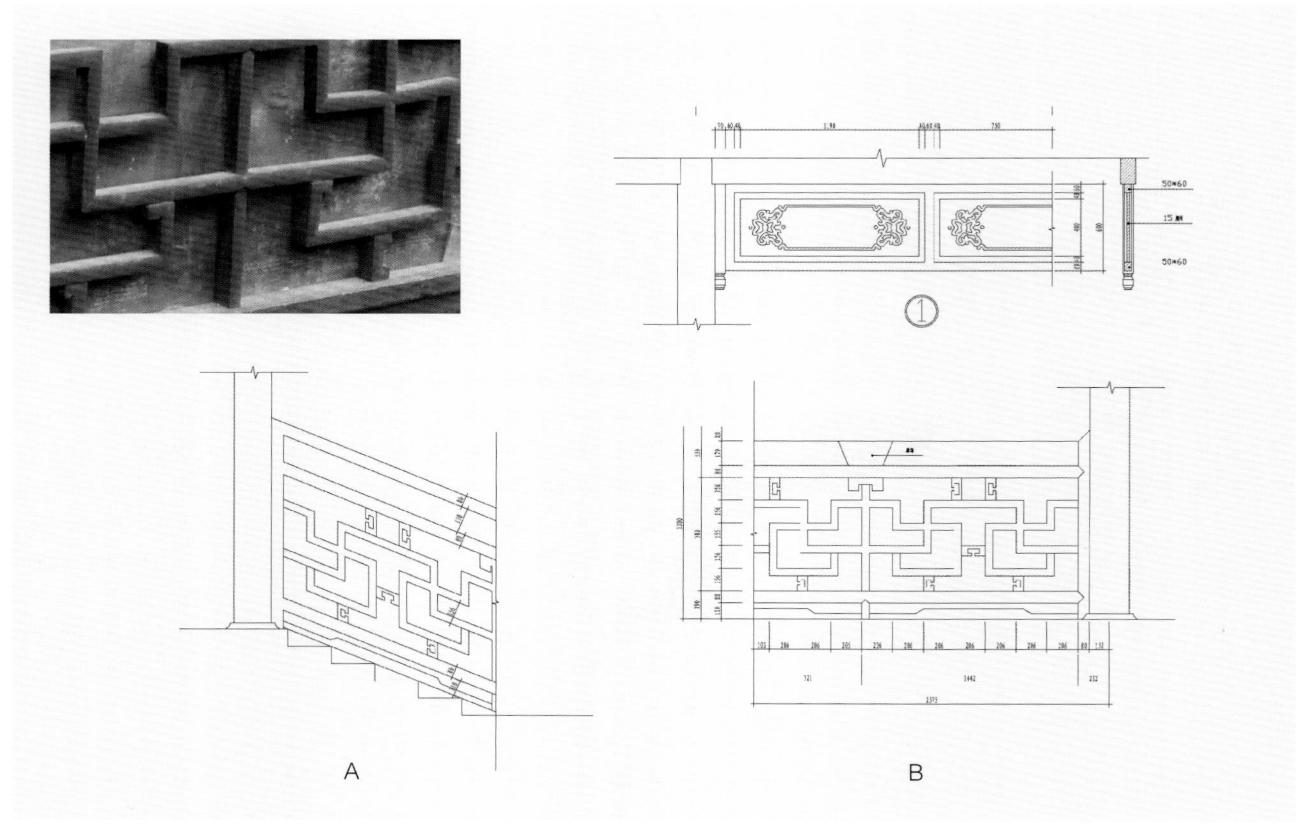

· A．厢房侧斜廊栏杆图 B．金声玉振门两侧廊栏杆图

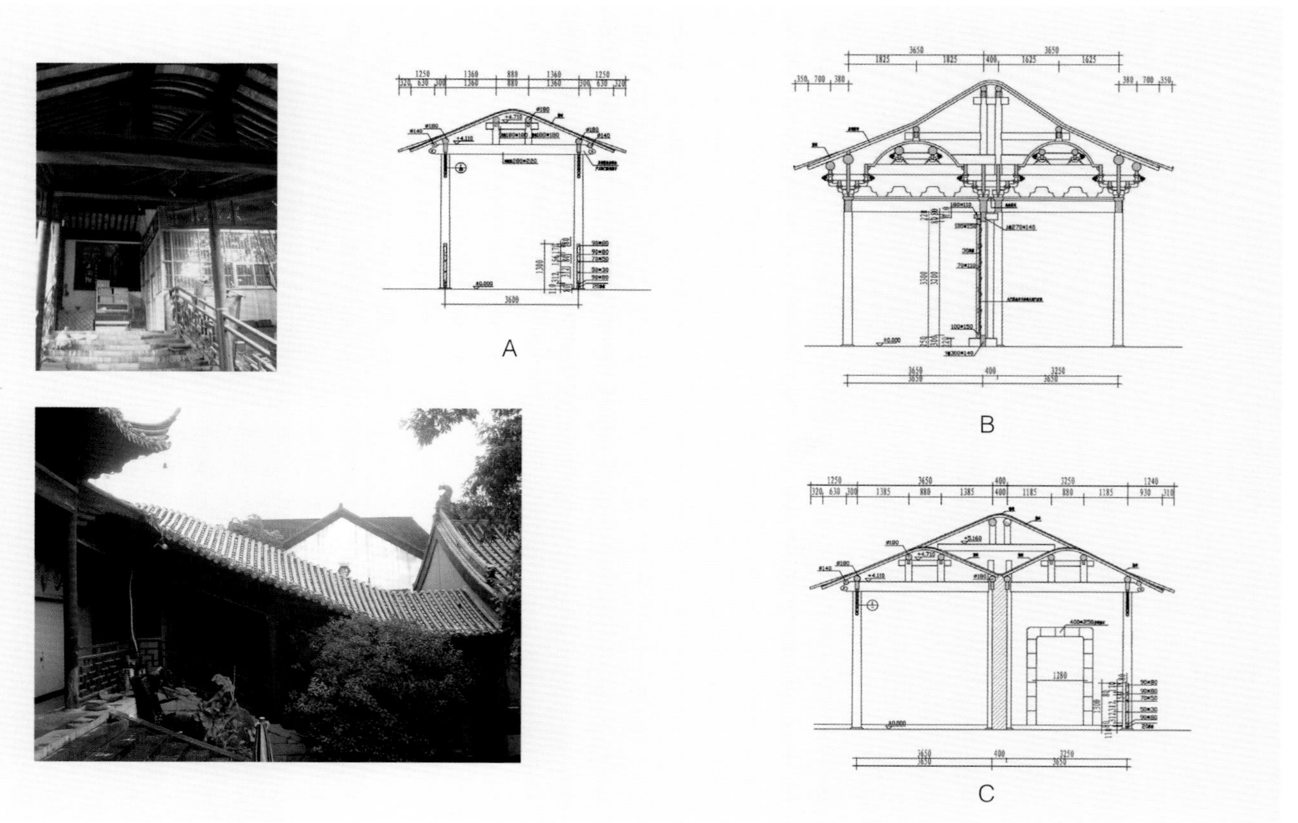

· A．厢房北侧廊剖面图 B．金声玉振门剖面复原图 C．金声玉振门两侧廊复原图

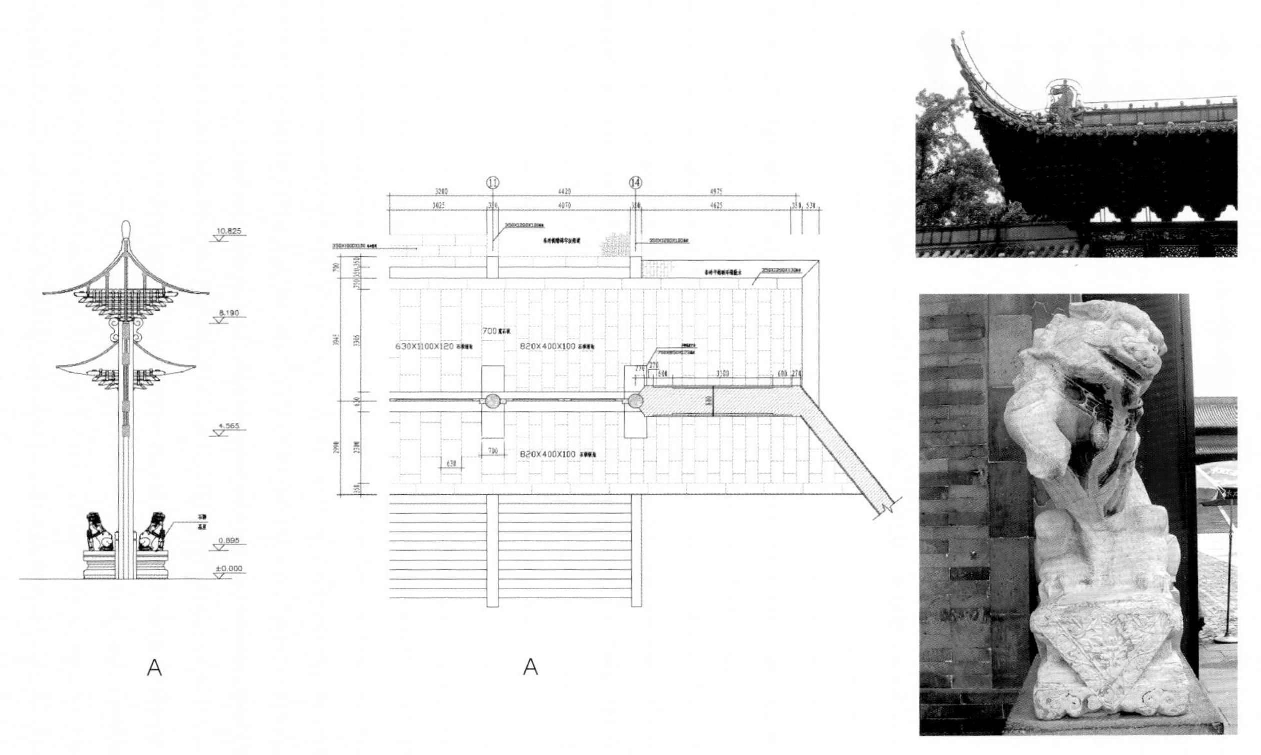

· A. 棂星门剖面图　B. 棂星门平面图

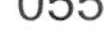

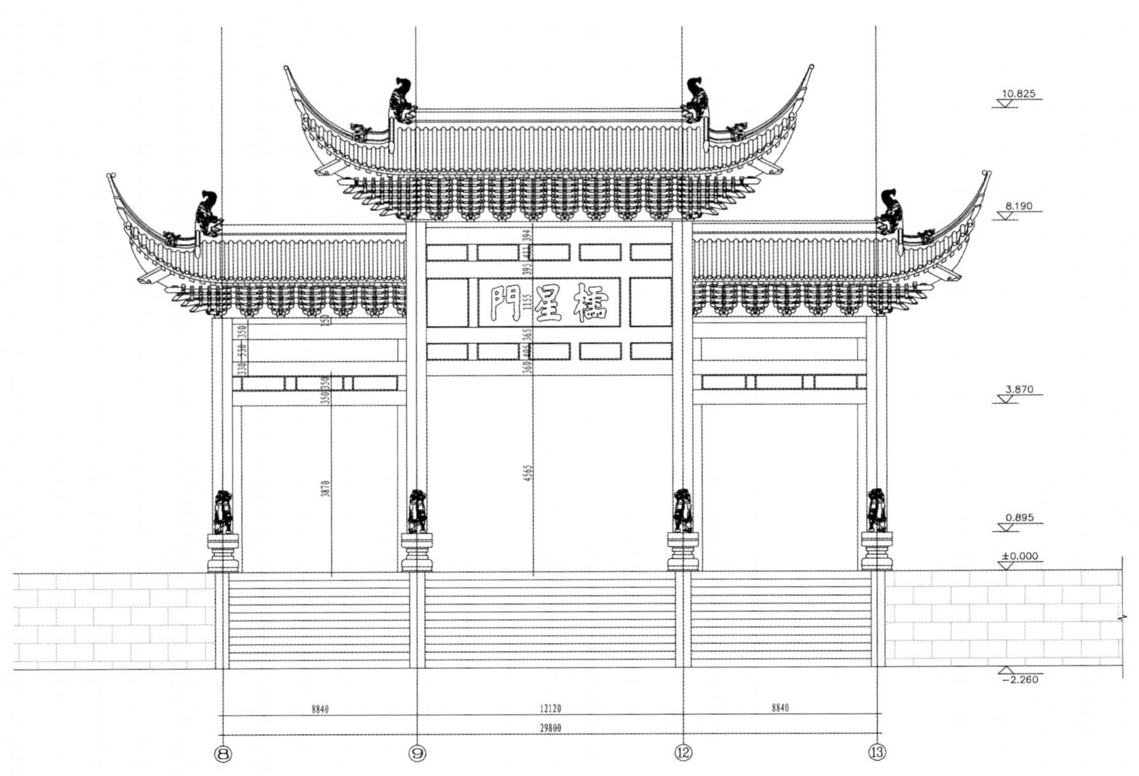

· 棂星门立面图

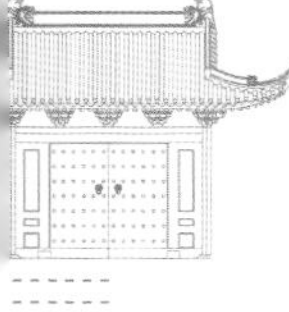

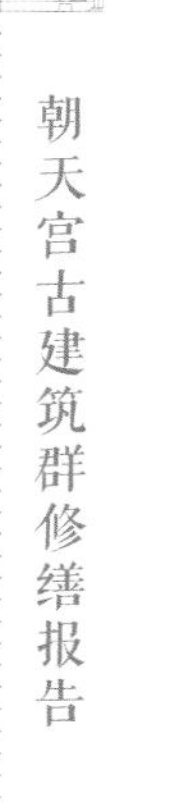

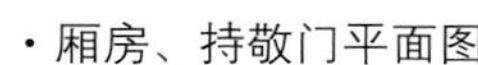

·厢房、持敬门平面图

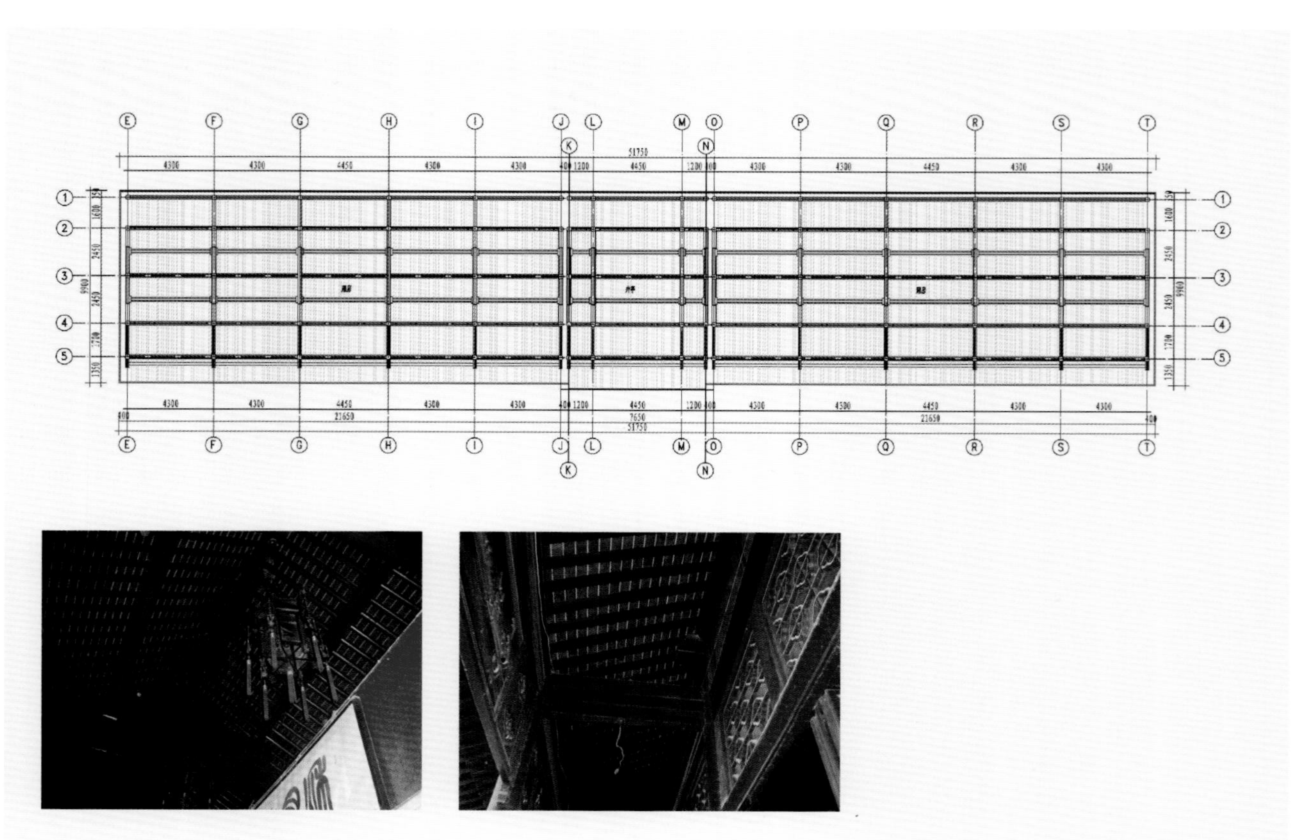

·厢房井亭仰视图

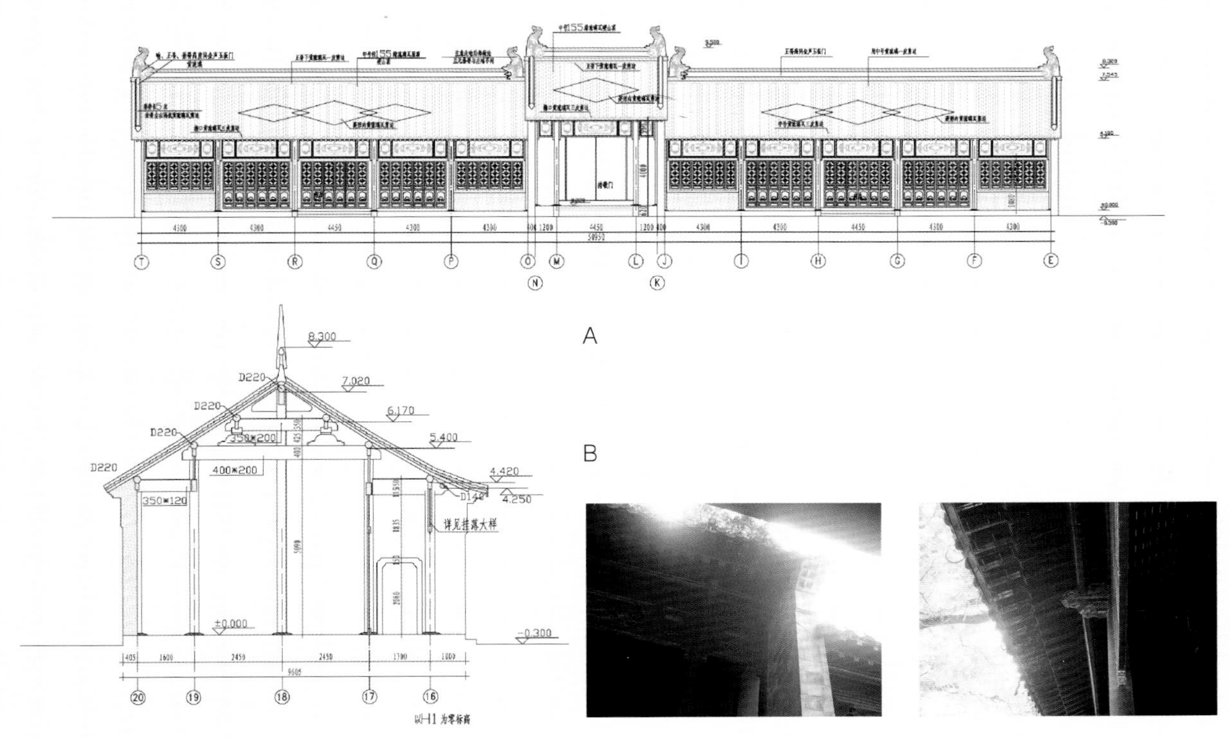

• A. 厢房、持敬门立面图　B. A–A剖面图

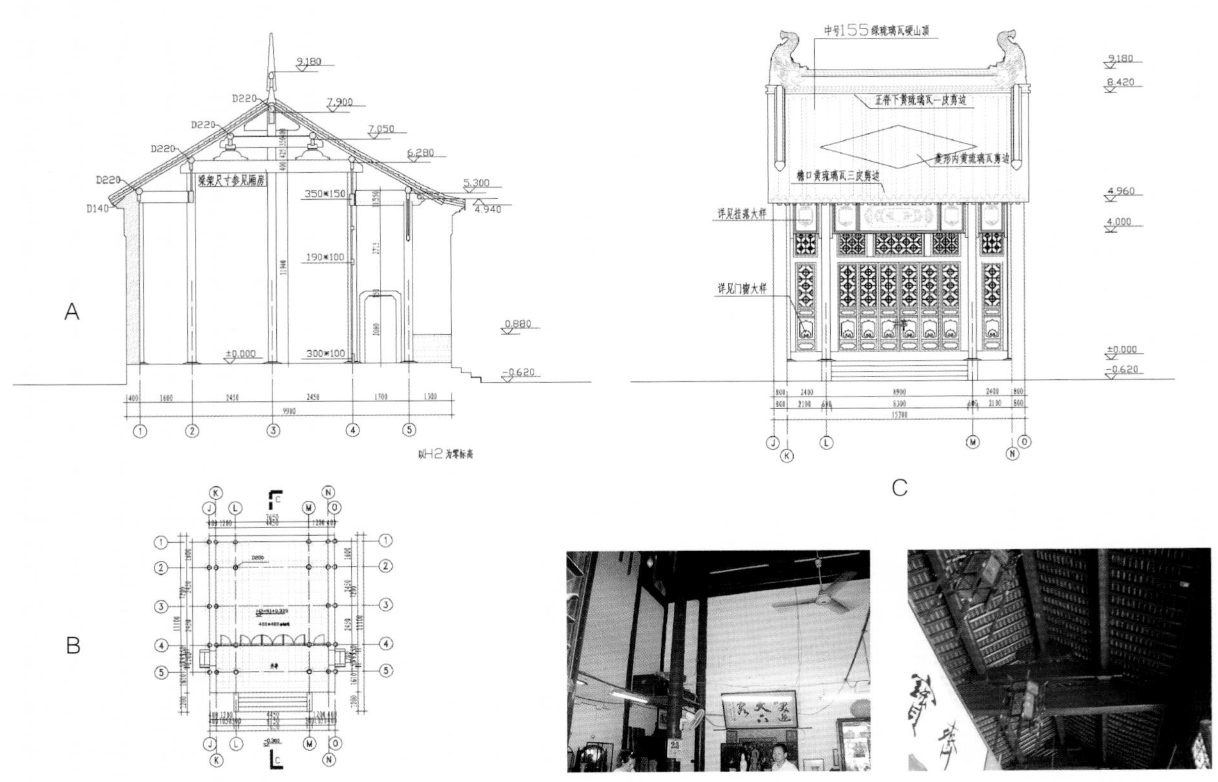

• A. C–C剖面图　B. 井亭平面图　C. 井亭立面图

◎ 修缮篇 ◎

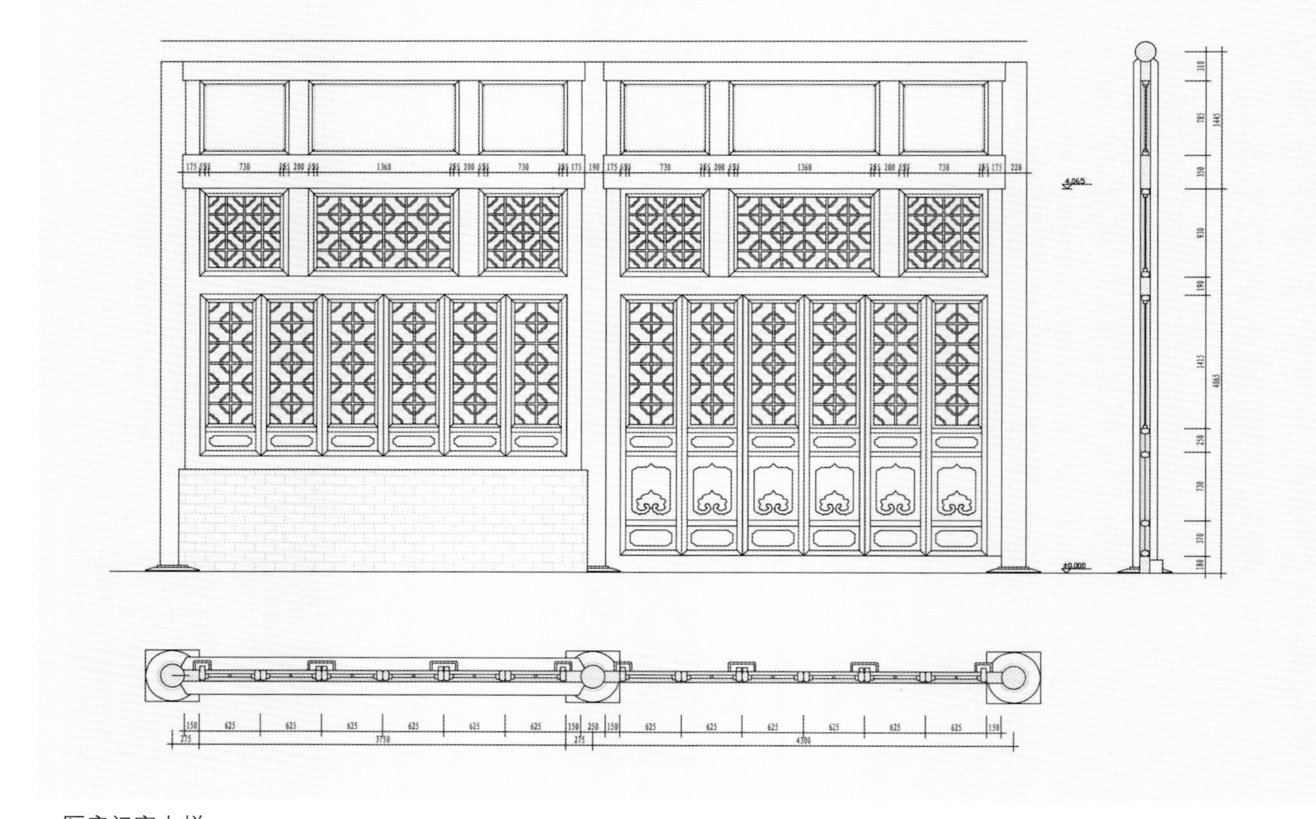

· 厢房门窗大样

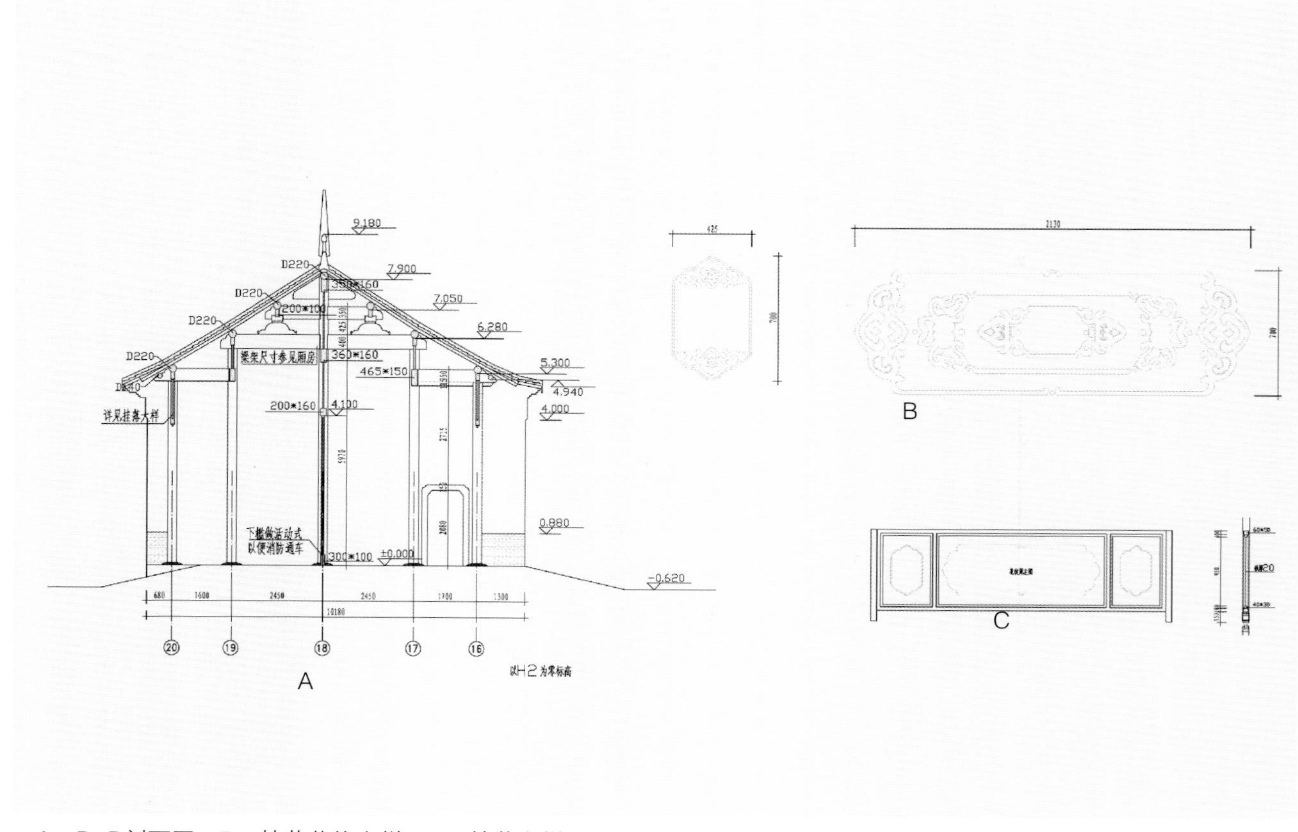

· A. B-B剖面图　B. 挂落花纹大样　C. 挂落大样

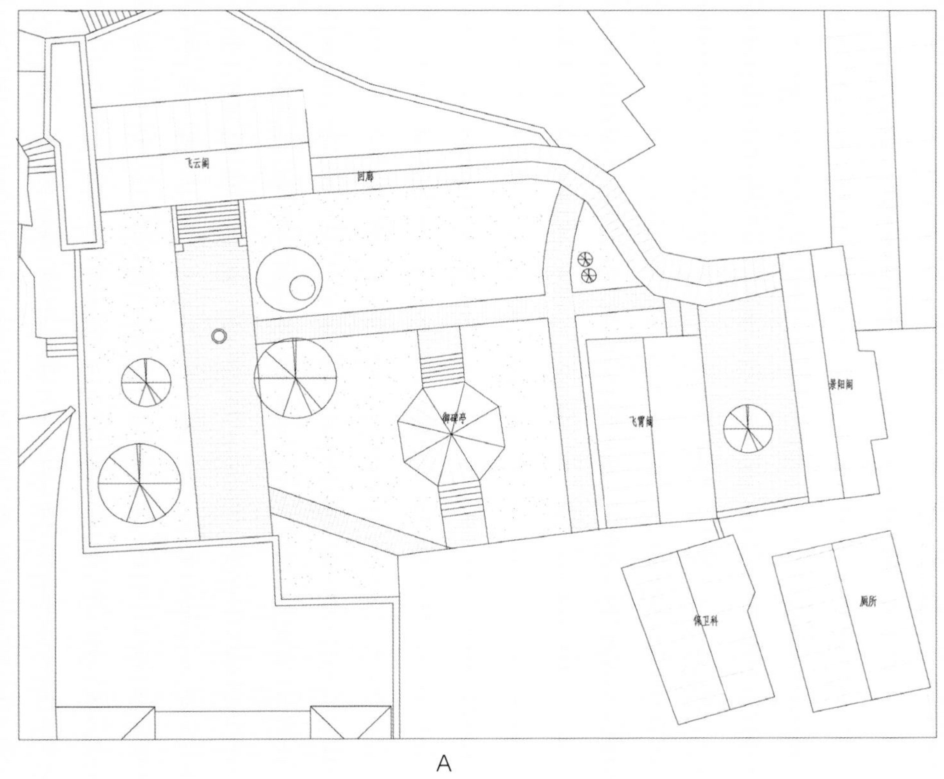

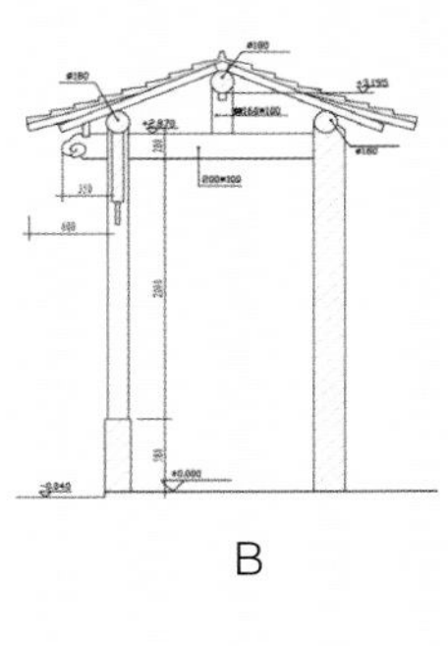

• A. 庭院总面积图　B. 庭院回廊剖面图

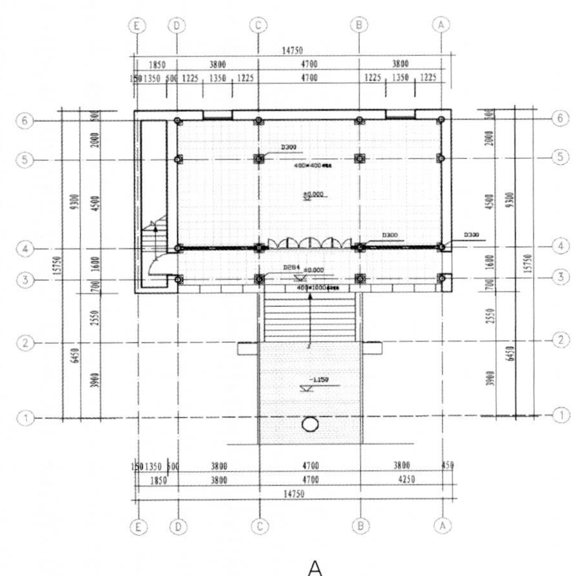

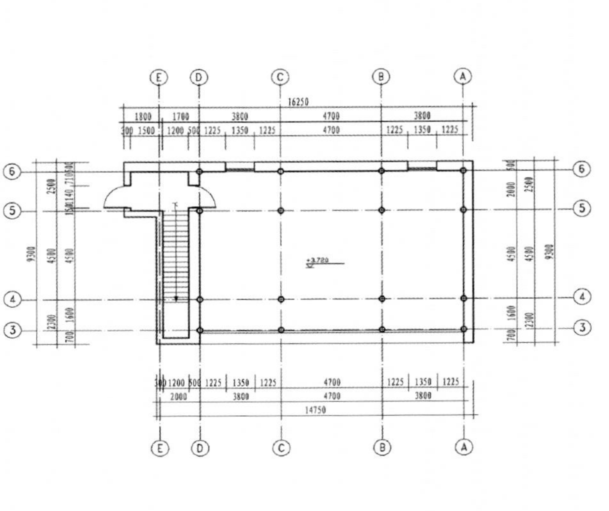

• A. 飞云阁一层平面图　B. 飞云阁二层平面图

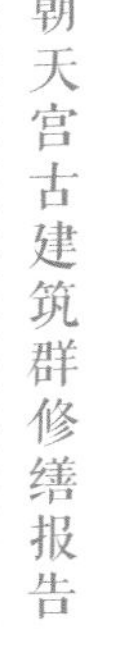

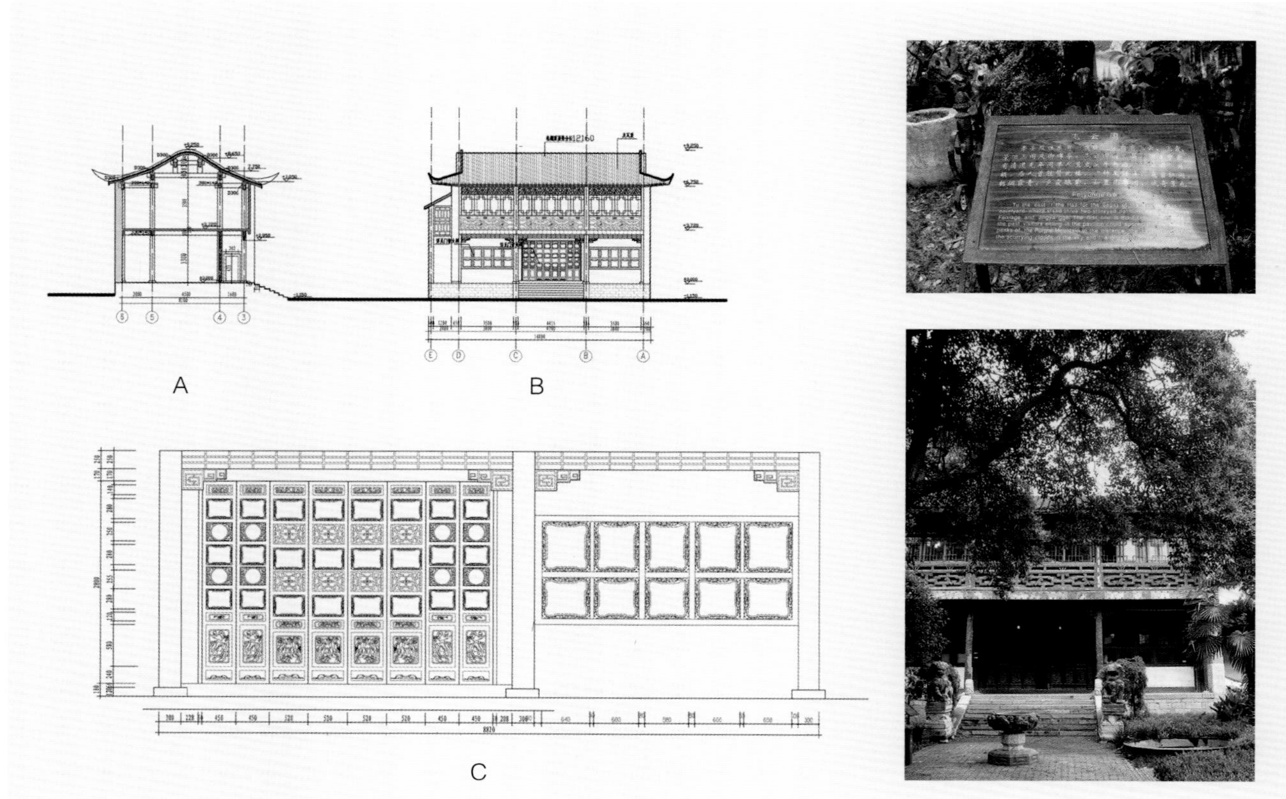

• A. A–A剖面图　B. 飞云阁正立面图　C. 飞云阁门窗大样

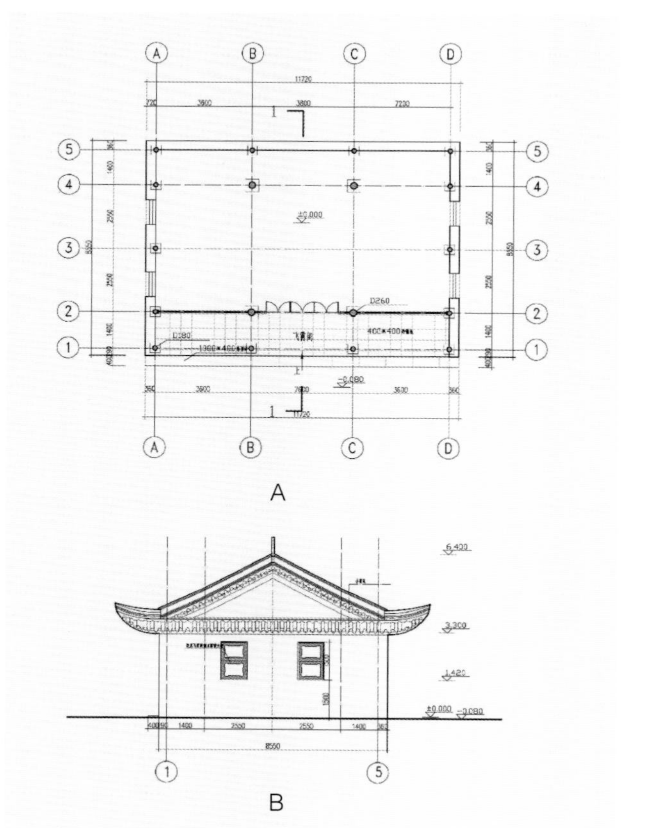

• A. 飞霄阁平面图　B. 飞霄阁侧立面图

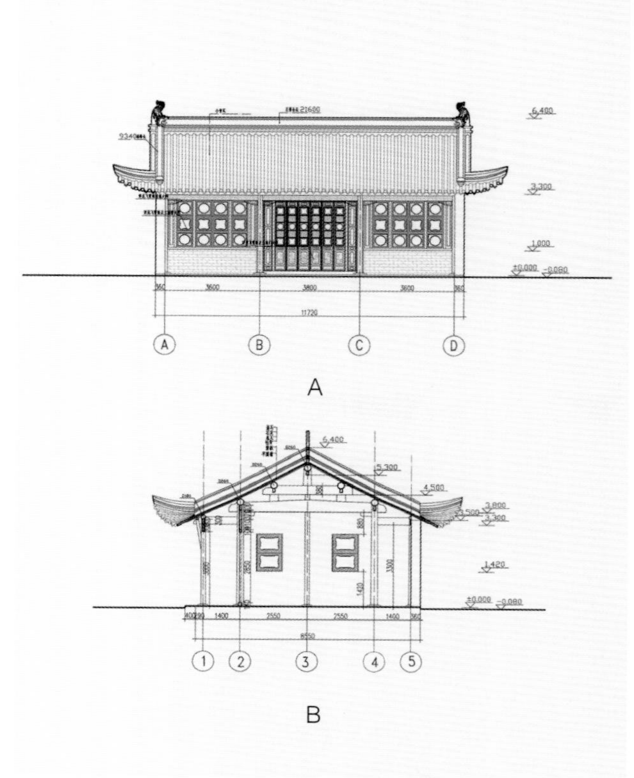

• A. 飞霄阁正立面图　B. 飞霄阁剖面图1–1

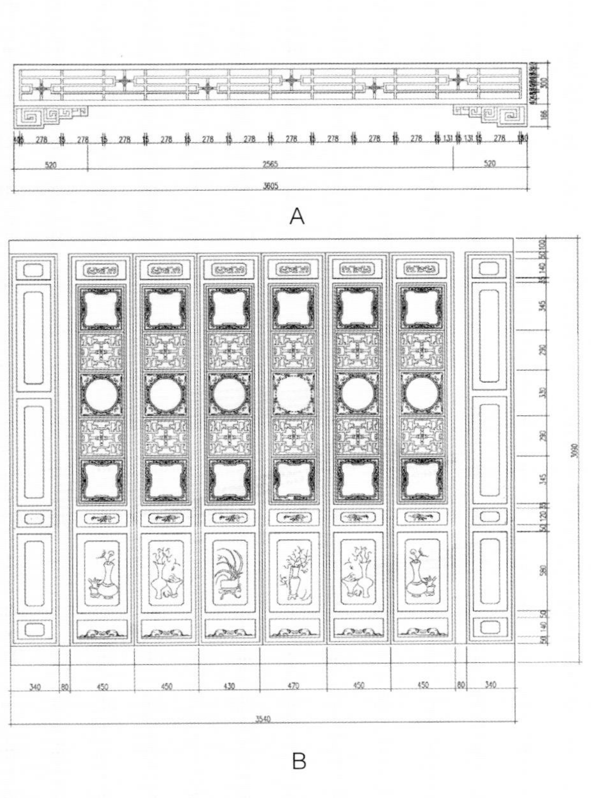

· A. 飞霄阁挂落大样　B. 飞霄阁正立面门大样

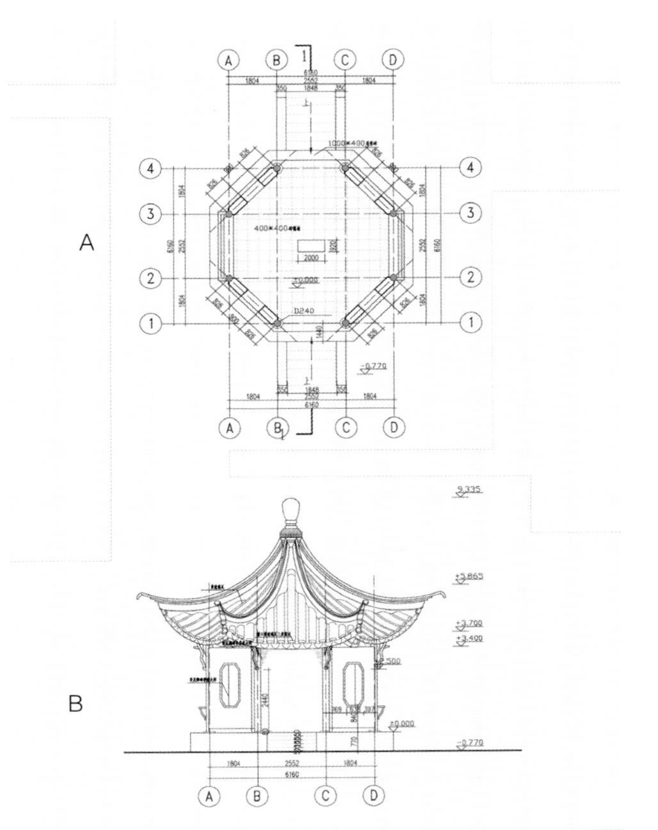

· A. 御碑亭平面图　B. 御碑亭立面图

A

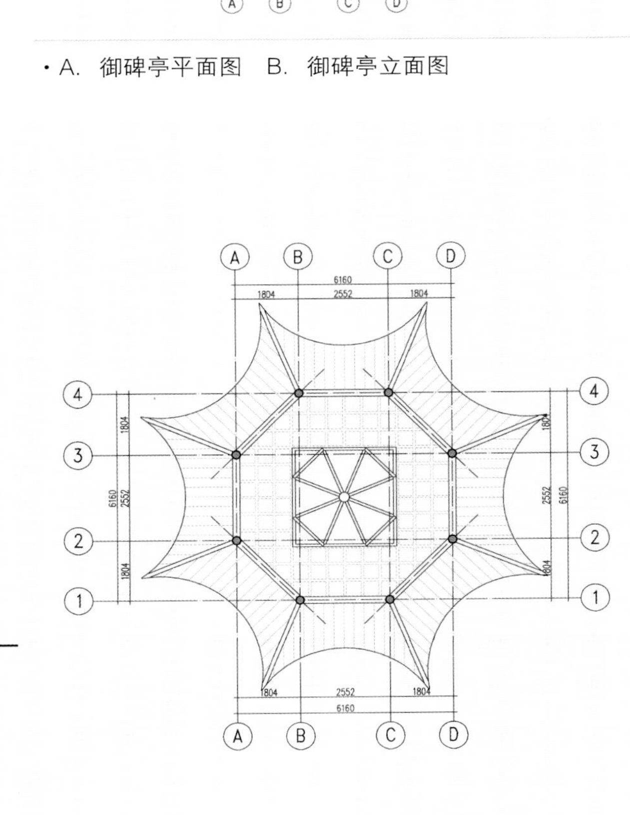

· A. 御碑亭剖面图　B. 御碑亭上层结构图

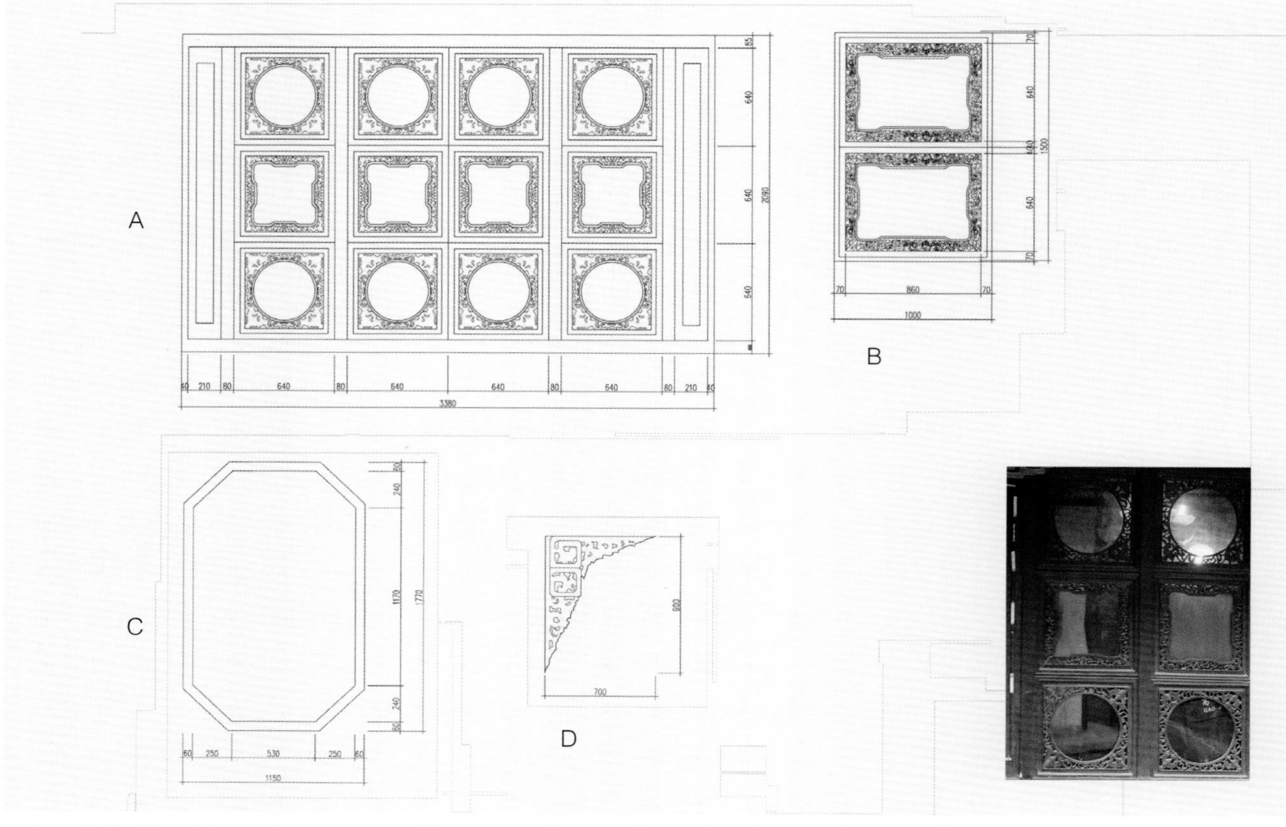

· A. 飞霄阁正立面窗大样 B. 飞霄阁侧立面窗大样 C. 御碑亭窗大样 D. 御碑亭挂落大样

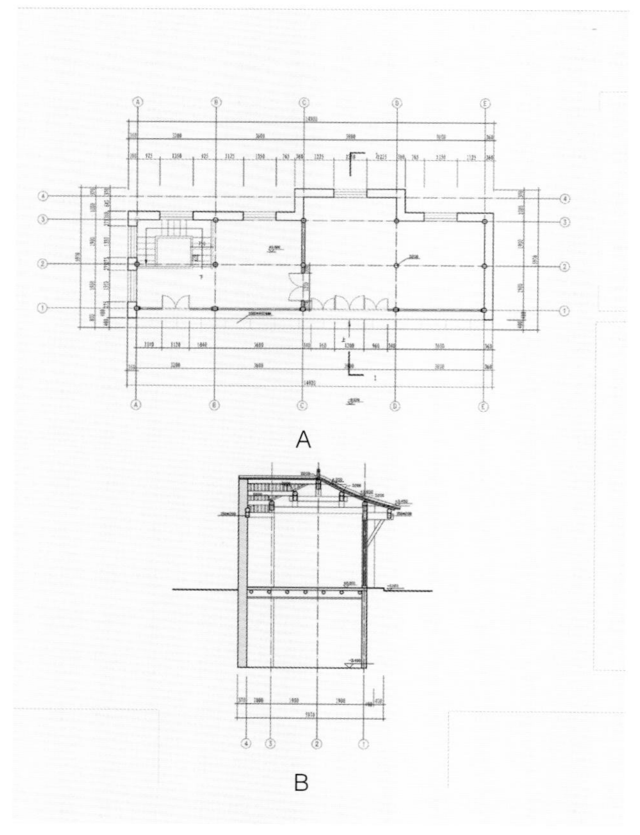

· A. 景阳阁一层平面图 B. 景阳阁剖面图

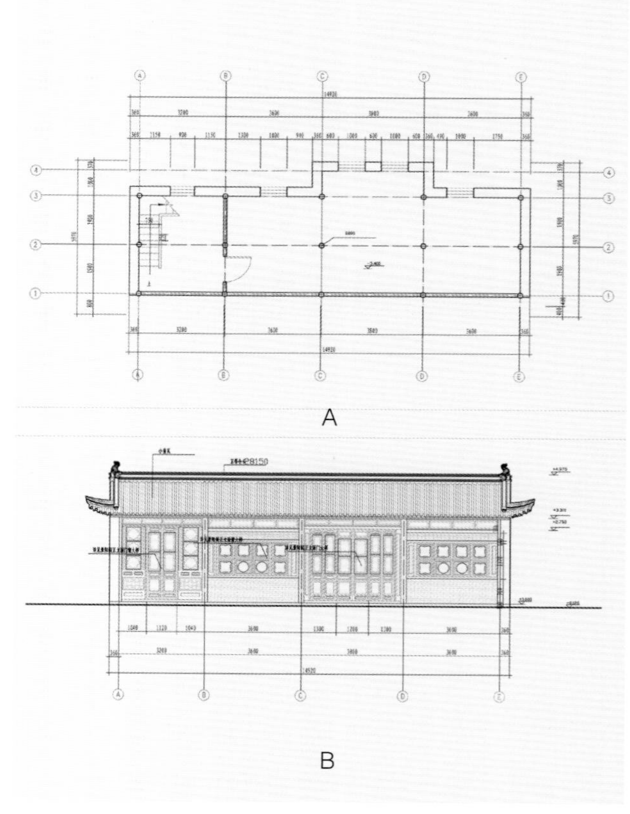

· A. 景阳阁负一层平面图 B. 景阳阁正立面图

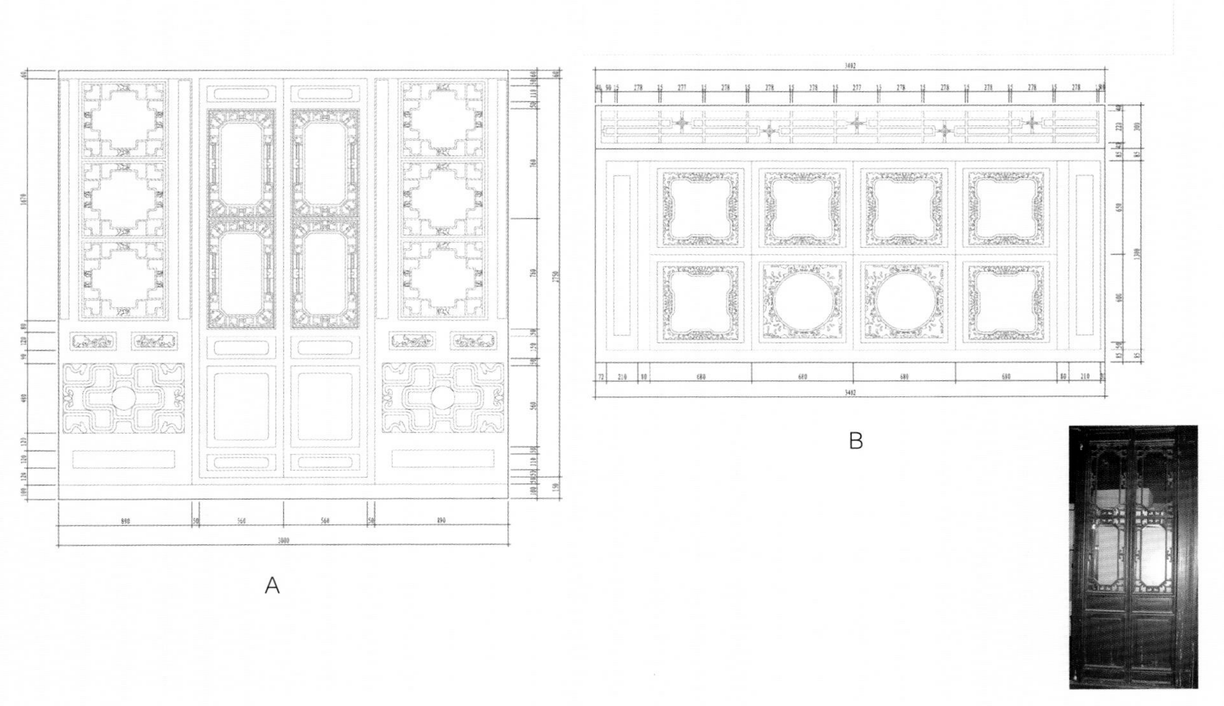

· A. 景阳阁正立面门窗大样　B. 景阳阁正立面窗大样

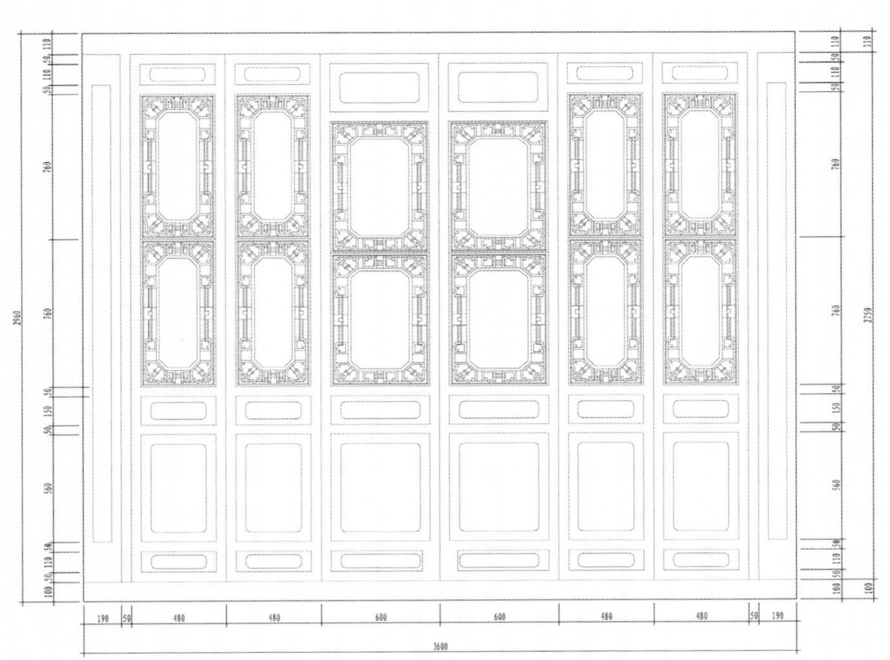

· 景阳阁正立面门大样

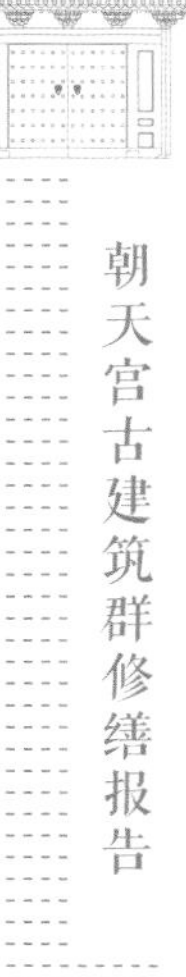

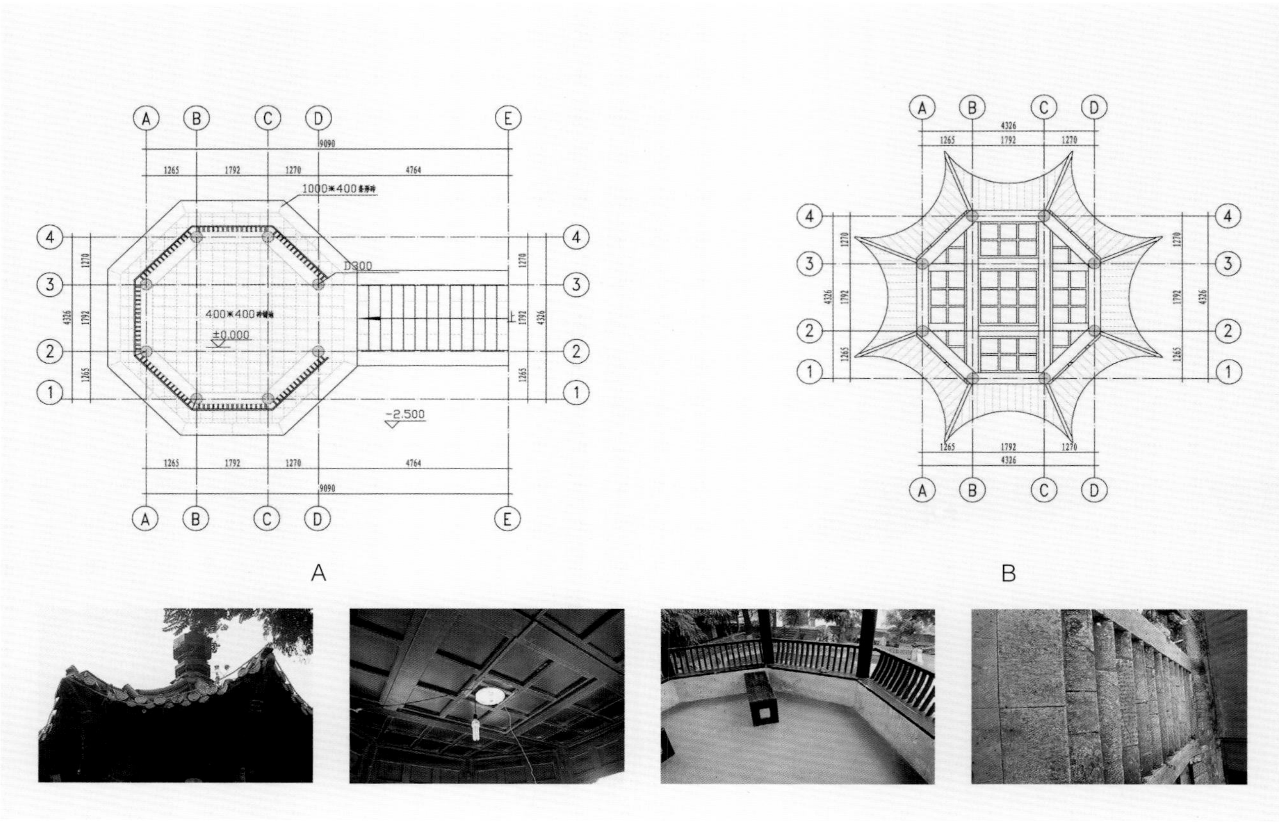

· A. 敬一亭平面图　B. 敬一亭屋顶仰视图

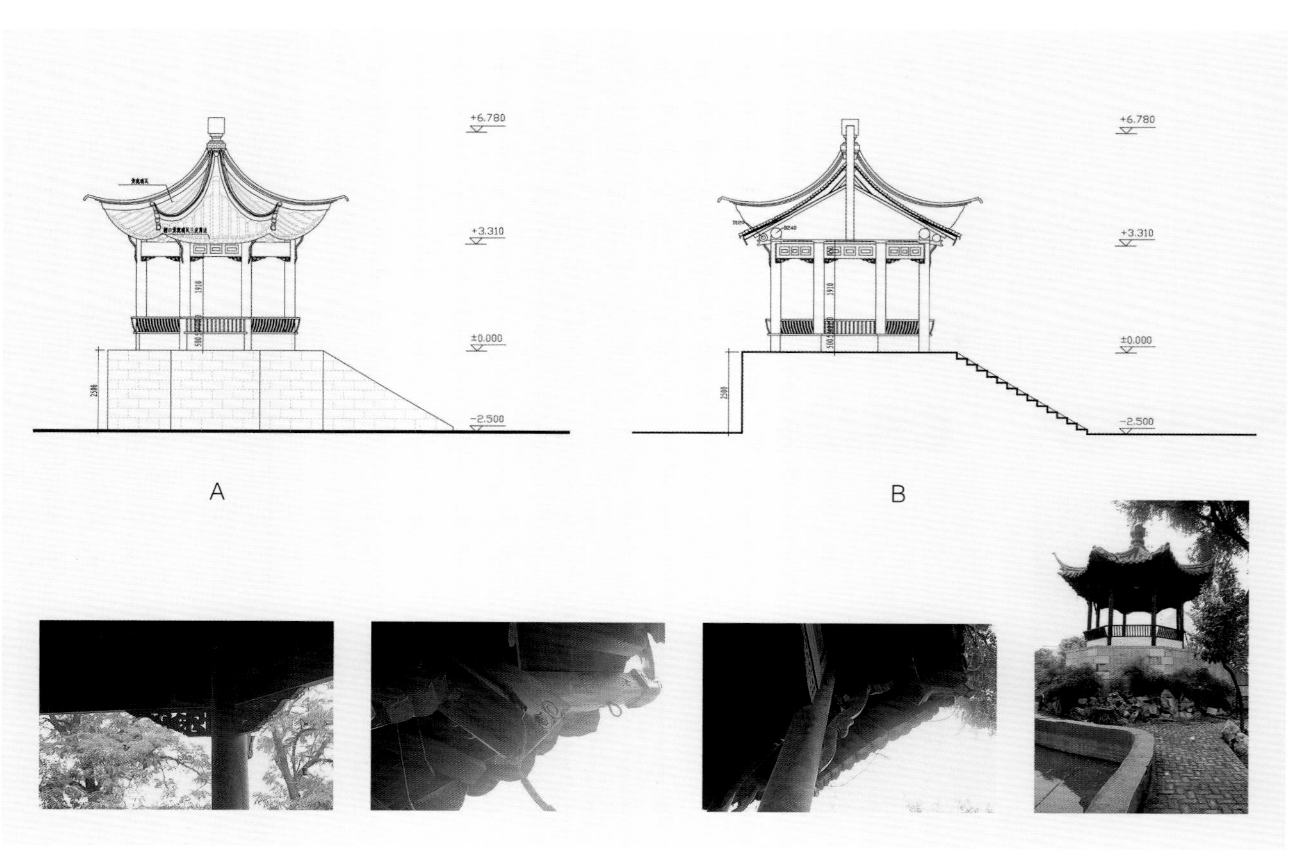

· A. 敬一亭立面图　B. 敬一亭剖面图

朝天宫古建筑群维修施工方案及实施过程

吴国瑛　王　涛

南京市博物馆担负着南京地区的地下遗址和古墓葬的考古发掘与调查、文物的保护、藏品的征集与保管等职能，并在丰富的文物、文献资料及研究成果的基础上，展示南京在中国各个历史阶段的发展轨迹，展示南京古都历史文化的卓越成就。

南京市博物馆所在地“朝天宫”则是江南地区最大的官式古建筑群，为典型的明清殿宇式建筑。其建筑格局、样式、营造技术等，是研究中国古代建筑尤其是明清建筑的重要实物资料，具有极高的历史、艺术和科学价值。历史上的朝天宫一直是南京的重要名胜。明清之际，南京有“金陵四十八景”，其中“冶城西峙”即指朝天宫。

有着如此悠久历史的朝天宫古建筑群，在1992年曾搞过一次大修，到2009年已有17个年头了。虽然还没到规定的20年一次大修的期限，但依据朝天宫古建筑群的现状不得不将大修时间提前。在过去几年中，朝天宫中轴线上的主体建筑大成殿、崇圣殿等陆续出现各种险情，檐口瓦、椽、板不断掉落，尤其是屋面墙角部位出现严重下垂变形和裂缝，随时都有整体塌落的危险。（图1、图2、图3）2006年初，相关部门组织专家现场勘察论证后，先行采取了在建筑角部挑檐下加设角柱的方式临时支撑，暂时缓解了险情，为本次大修争取了时间。本次大修开始于2009年6月下旬，于2010年11月1日竣工验收完毕。

本次维修范围分两期，一期工程，主要由大

·图1　维修前险情

·图2　维修前险情

·图3　维修前险情

成殿、崇圣殿、东西厢房及两侧走廊组成，占地面积：7122平方米，建筑面积3800平方米。二期工程含朝天宫大成殿以南的所有古建筑；后山上的古建筑群“三阁二亭”；以及所有的广场地面维修，泮池清淤，宫墙，门坊维修等。所有的室内电线全部重新安装，室外的主给排水管网按现行施工标准全部改造，建筑面积5000平方米，场地修缮面积6000平方米。一、二期合计建筑面积8800平方米，场地修缮面积13122平方米。

整个古建筑群落维修指导思想严格按照《中华人民共和国文物保护法》规定，即：“核定为文物保护单位的革命遗址、纪念建筑物、古建筑、古墓葬、石窟寺、石刻等（包括建筑物的附属物），在进行修缮、保养、迁移的时候，必须遵守不改变文物原状的原则。”原状是指一座古建筑开始建造时（以现存主体结构的时代为准）的面貌，或经过后代修理后现存的健康面貌。整组建筑群的原状，应包括它原来的总平面布局、空间组合及其内部环境的绿化。概括来说是指原来的造型、原来的结构、原来的材料和原来的工艺。这四项内容缺一不可。

恢复原状是指维修古建筑时，将历史上被改变和已经残缺的部分,在有充分科学依据的条件下予以恢复,再现古建筑在历史上的真实面貌。恢复原状时必须以古建筑现存主体结构的时代为依据。但被改变和残缺部分的恢复，一般只限于建筑结构部分，维修古建筑时,应以现存的面貌为准,保留历代修理中被改变的部分，保留古建筑的历史可读性。实践证明，现状与原状常有些内在联系，现状是研究原状必不可少的参考资料。

1964年国际会议通过的《威尼斯宪章》，是许多国家共同遵守的文物保护与维修的法规。宪章首先强调保护和修复古建筑，既要当做历史见证物，也要当做艺术品来保护。对于修复工作，应看做是一件高度专门化的技术,必须尊重原始资料和确凿的文献,不能有丝毫的臆测。任何一点不可避免的增添部分，都必须与原来建筑外观有明显的区别。当传统的技术不能解决问题时，可引用新技术，但必须经实验证明是有效的。

项目中标结果公示后，在南京市文物局指导下，南京市博物馆根据该工程的规模及特点，立即组建工程项目部，建立由分管领导负责制的领导体系，实行全过程质量控制管理。建立健全各级责任制和质量监督制度，明确分工职责，落实施工控制责任制，督促中标的建设单位严格遵循设计图纸、施工规范和强制标准要求，高标准施工。以保证工程质量符合设计要求和现行施工规范规定。完善技术咨询制度、严格进场检验制、施工挂牌制、自检、互检、交接检、质量实行一票否决制，成品保护制等一系列规章制度，严格按照规范要求，狠抓关键工序管理，严格过程控制，做到上道工序不符合要求坚决不进行下道工序施工，达不到要求的坚决整改至符合要求为止。

我们此次维修方式为“揭顶大修”,在实施南京工业大学所做的南京朝天宫古建群修缮方案的基础上，将所有单体古建屋面桁条以上的椽子、望砖、木望板、琉璃瓦、正脊、角脊、吻兽、勾头、滴水、花边全部更换，部分变形的斗拱、斗拱板、夹堂板、局部柱、梁被白蚁侵蚀及雨淋腐烂按原尺寸进行更换，倾斜的墙体重新修正，裂缝、空鼓的墙面用水泥砂浆进行补粉，木门窗扇更换腐烂变形的木框扇，对于一部分损坏的窗扇、窗棂、窗花按原样补配，属于文物的花窗进行脱漆处理，还原历史原貌。以下为我们在修缮过程中的部分做法：

木作部分

在维修过程中,朝天宫古建筑群的木质构建是修缮的核心,我们在施工过程中严格按照传统大木作方式进行施工。

木作工程是整个传统古建筑的重要部位，特别是梁、枋、戗、椽子等构件。本工程虽然不需要全换，但考虑到部分更换，为了不影响工期，保证质量，木结构的加工制作是非常重要的一个环节，只有掌握古建筑、木构件的制作工艺技术，了解房屋

·图4　木作维修现场

·图5　木作维修现场

·图6　白蚁蛀坏的木结构

·图7　换下朽烂的梁枋

结构的特点，及施工步骤，才能顺利地进行施工。（图4、5、6、7）

传统明清古建筑大木作较多，所以木结构的加工制作是非常重要的一个环节。古建筑都以木架负重，墙垣仅隔内外，作避风雨而不负屋面其他荷载。木架之构造就其受重情形可分为三部，其直立支重者为柱；其横者为梁、桁，次者为椽、枋。在木构架选料上着重考虑柱梁木材必须是优质材，在优质材中还要注重正贴梁柱与边贴梁柱之区分。因正贴用料较大，边贴用料稍细，施工制作时必须把所有材质分成类别，合理安排使用，挑选木材也有口诀之称。围篾真足九市称，作用料依规定围篾，出料九折者为上等材，八、七、六、五之谓八折，八折七折为下等材或二三等材。

梁枋工程

由于梁是大木结构中主要承重构件，因此，梁的选材和截面大小的设计是件非常重要的工作。

（1）五架梁

五架梁是正身梁架中的骨干构件，其长四步架（外加梁头两份）上承五根檩。五架梁两端搭置在前后金柱上（如五架梁下为七架梁则搭置在瓜柱上），与柱上馒头榫相交处有海眼，梁头两端做檩碗承接檩子，檩子下面刻垫板口子以安装垫板。梁背上由两端向内各一步架处栽瓜柱承接其上的三架梁。

五架梁画线程序：

①将已初步加工完毕的木料在迎头画上垂直平

分底面的中线，在中线上，别按平水高度（即垫板高，通常为0. 8檩径）和梁头高度（通常为0. 5檩径）画出平水和抬头线位置，过这些点画出迎头的平水线和抬头线。

②将两端头的中线以及平水线、抬头线分别弹在梁的长身各面，再以每面l／10的尺寸弹出梁底面和侧面的滚楞线。梁的背面及侧面已有抬头线。抬头线在正身部分又叫熊背线，同时又是侧面上楞的滚楞线，在梁背面也应弹出滚楞线。

③用分丈杆在梁底面或背面中线上点出梁头及各步架的中线，并将这些中线用90° 方尺勾画到梁的各面，同时画出梁头外端线。梁头长一檩径，剩余的部分截去。

④画各部分的榫卯，梁底与柱头相交处画海眼，海眼为正方形半眼，眼的大小深浅均应与对应柱头的馒头榫一致。梁背上由梁头檩中向内一步架处，有瓜柱眼。瓜柱眼为半眼，眼长按瓜柱侧面宽，深按二寸或瓜柱侧面宽的l／3，瓜下有角背时，瓜柱柱脚要做双榫，梁背对应凿做双眼，无角背时可做单眼。梁头画线，首先应按擦径大小在檩中线两侧画出檩碗宽度尺寸。在这个范围内，顺着梁身方向将梁宽分为四等份，中间二份为梁头鼻子，两侧两份为檩碗。在梁头侧面用事先备好的檩碗画线样板画出侧面檩碗线和垫板口子线。垫板口子宽按垫板自身厚，深与宽相同。

⑤制作：梁制作包括凿海眼、凿瓜柱眼、锯掉梁头抬头以上部分、剔凿檩碗、刻垫板口子、制作四面滚楞、截头等各道工序。梁头的多余部分截去后，还要将迎头原有中线、平水线、抬头线复上，并用刨子在梁头的抬头及两边刮出一个小八字楞，称为“描眉”。梁制作完成后，按类码放待安。

（2）抱头梁

抱头梁为无斗棋大式或小式做法中，位于檐柱与金柱之间，承担檐檩之梁。梁头前端置于檐柱头之上，后尾作榫插在金柱（或者檐柱）上，梁头上端做檩碗。抱头梁长为廊步架加梁头长一份为全长（如后尾做透榫，还要再加榫长，按檐柱径1份。由于其下的穿插枋已做透榫拉结檐柱与金柱，故抱头梁后尾一般只做半榫即可）。抱头梁高由平水（0.8檩径）、抬头（0.5檩径）、熊背（等于或略大于l／10梁高）三部分组成，约1.5D。厚为檐柱径D加一寸或1.1D。抱头梁线制作程序和方法略同五架梁，不复赘述。其后尾要做半榫插入金柱，半榫长为柱径的l／3～1／2。榫厚为梁自身厚的l／4即可。梁后尾肩膀与金柱接触处，有撞肩和回肩两部分，与柱直接相抵部分为撞肩，反弧部分为回肩，通常做法为“撞一回二”，即将榫外侧部分分为三份，内l份做撞肩与柱子相抵，外两份向反向画弧做回肩。

（3）桃尖梁

在带斗棋的大式建筑中，将端头作成桃形的梁，称为“桃尖梁”。桃尖梁置于檐柱与金柱之间，相当于小式抱头梁位置时，称为“桃尖梁”；作为顺梁安置在山面时，叫做：“桃尖顺梁”，在无廊中柱式门庑中，作为三步梁或双步梁时又称做“桃尖三步梁”或“桃尖双步梁”。

桃尖梁正心桁下为正心枋。正心枋以内称为梁身，正心枋以外为梁头，梁身厚6斗口，梁头厚4斗口，两侧多余部分执去，称为“扒腮”。制作桃尖梁，首先要将初步加工好的枋料迎头画上中线，并将中线弹在梁身上下两面，在迎头中线上画出挑檐桁的平水（即檩底）线，并将此线弹到梁身侧面。用桃尖梁分丈杆在中线上点出挑檐桁中、正心桁中、金柱中以及梁头外端线位置，并将有关的线用90° 勾尺过画到梁身各面。在正心桁外侧，还须根据梁头薄厚尺寸画出两侧扒腮线，并按线将两腮扒去，将新锯解的面用刨子刨光待用。桃尖梁梁头两侧与平身科斗拱的有关构件相交，需剔作安置枋子的刻口以及栽置棋子的卯眼。

由于侧面构件很多，画线复杂，通常采用放实样，套样板，按样板画线的方法宋解决。桃尖梁样板分作两部分，正心桁中线以外为一半，以内为一半。样板做好后按中线锯开，以便于使用。

（4）椽子、连檐、瓦口、望板的制作

椽子无论在那种结构形式的房屋上，用在下层时，出檐深度都按柱高计算一般按柱高的3／10得出平出檐尺寸，若柱高超过一丈（3.2米）均按3，3／10计算。

橡檐长按平出（柱高的3／10），减去飞椽一份（平出的1／3），加上檐步架长，按五举加斜，加交掌0.5椽径即为檐椽总长。椽径按金桁径的1／3（即1.5斗口）计算。椽子做法：按杖杆截料，留出盘头份。圆椽子应放线，砍圆刨光；方椽则放线找出大小，刨光。正身檐椽后尾，在金桁的外金盘线部位做椽碗子。椽子如用于重檐，椽子长按檐步架加檐出减去飞椽部分，再加插入承椽枋内的部分（即承椽枋的一半或椽径的一倍），用五举增高即是全长尺寸。

花架椽、脑椽正身上均按步架增高加斜，加交掌一份为全长。脑椽长除依上法计算外，另加扶脊木入窝部分一椽径。飞椽长按檐平出的1／3，加上二尾至三尾（一飞二尾、二尾半或一飞三尾），用三五举增高加斜为飞椽总长，飞椽径同檐椽径，高同厚（即檐椽之高）。正身飞椽制作，可两头颠倒放线，在飞头母部位刻出闸档板口子，闸档板口子宽按望板宽，深可同宽。

连檐长按面宽总长加翼角飞檐长，适当加出余料，高与宽均按椽径大小。连檐一般都由若干段接续使用，钉正身飞头后，即可钉连檐，然后再将飞头，连檐分别牢死。

翼角连檐则不同，需要将这部分连檐开三道锯口，分为四批，每道锯口尽端相距30厘米左右，用水浸泡数日，方可拿来标在翼角处，否则根本不可能搬出翘冲，并且使连檐易折。制作连檐须用无疤节的好松木，否则极易标折。

瓦口分两类，一类用于筒瓦屋面，一类用于板瓦屋面（板瓦屋面用的瓦口要做瓦口出）。瓦口长按大连檐长，歇山屋面还须加上挑山部分所用瓦口米数。高按椽径的7／10，厚按椽径的4／10。如板瓦用的瓦口要加瓦口山尺寸。瓦口制作要按瓦口宽的两倍备料，备料后，按分中号垄情况及瓦样尺寸做瓦口样板，按样板画线，画线翻样板时松紧要求一致，此工序应与瓦工协商进行。

翼角檐的瓦口，如瓦件没有异形瓦时，要将瓦口锯成斜瓦口或加大。

望板有横望板和顺望板两种。顺望板按每坡椽长计算，厚按3／10椽径，一面刨光、埝口。横望板按面宽计算，做柳叶缝。顺望板板缝钉引条压缝，引条宽5厘米，厚3厘米。

（5）翼角各部位的制作

在古代建筑上，房屋的翼角是每个房屋构架上必要的结构之一，也就是说，出檐深远。

在歇山、庑殿建筑的屋面转角处，与建筑物正侧面的檐桁各成45°角，并随举架倾斜放置有角梁。角梁为两层合抱叠用，在下面的前端伸出檐桁外，做霸王拳雕饰的称为老角梁，叠在老角梁上面的，前端长过老角梁并向上翘起的叫仔角梁。仔角梁前端有套兽榫，为安放套兽之用。在同一檐面上，左右两个仔角梁前端（不计套兽榫）的连线至檐桁中线的水平距离成为“冲”，垂直距离称为“翘”。角梁两侧的檐椽由下金桁起依次增加斜度安放，并随角梁逐渐加长出挑，同时前端渐次抬高离开檐桁，这些椽子称为翼角椽。在椽子下皮与檐桁上的空当内需垫一块三角木称为枕头木（或衬托木）。飞椽除了随翼角抬高加长出挑外，前端还应随仔角梁渐次上翘称为翘飞椽。翼角椽、翘飞椽若是方椽，还应随渐次抬高上翘的曲线扭撇成棱形截面。大小连檐也随之向斜上方翘弯成弧形交于老角梁和仔角梁前端的卯口中。

戗角制作安装

在戗角制作前首先放出实样，求得“一样、二板、三把尺”。得到老戗和摔网椽足长度尺寸，弯里口木的样板和摔网椽的数据，弯檐的弯度数据，摔网板和卷戗板的数据。

用圆木小头做老戗梢（屋内一端），大头做老戗头（出檐一端），戗梢的断面按戗头的八折。

操作时将断好长度的原木放于三脚马上，分别挂出端部头线并划出中线，木材应弯势朝上便于观看定势，再将做出的头板分别在两端按中线把两侧面划出。一般划上背和底势应尽量靠足

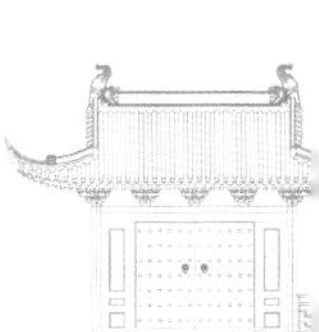

·图8　梁枋修前现状

·图9　木作修复

下面和凸拱处边，尽可能把弯面的在车背面处理掉。因为老戗木上背承水戗，老戗木端头纹翘起有利于支挑，故在划线时应把弯势朝上，尽可能把老戗木做直条。

先制定样板，嫩戗根端按老戗头八折，嫩戗头又为根部的八折。俗语“老戗嫩戗双八折”。

按样板划出实样，放出上车背和下浑底，如是圆料做嫩戗应捡弯料来落线，划出中线和两端断面。如是用已经制成的木枋子来作，即可直接按样划出另放车背和浑底，按划出的线进行锯砍刨，到符合要求方为粗坯完成。挖孩儿木做猢狲面和锯猢狲头净尺寸，锯净尺寸也可在达戗后和初装后进行。嫩戗尖头的夹角线可按地样夹角中心线划分，按直角三角形再乘嫩戗坡度来定划，也可在嫩戗头安装结束后，与立足飞椽一起锯截，这样即使有点误差也好调整。老嫩戗的配合，也称“达戗”，开好檐瓦槽，该槽深度不可太浅，要铲凿平整内角整齐，使榫槽严密吻合和插入角度不要太平，否则会使承压不佳。插入嫩戗同时校看直尺使老嫩戗中心线同在一垂线上。嫩戗配好后把菱角木、箴木和扁担木相叠配好，三木的两端斜面均按老嫩两戗的车背做三角槽口并分别与老嫩戗配吻合。菱角木应把老戗背和嫩戗背配实，就是说依老戗、嫩戗和交角处为三个点面要压实。扁担木同样要压实两戗和箴木面。

达戗后把千斤销依在老戗底到扁担木划出，划好线后分别把老戗、嫩戗、菱角木、箴木、扁担木按销线过线再用凿子凿眼。千斤销销入后均在扁担木中用竹销销住或用硬木楔打紧和在扁担木上口用竹木键销住作为固定，安装成成品，运输到现场安装固定。（图8、9）

木门窗工程

隔扇（又称格子门），它是安装在槛框内的活动性屏障门，行人出入时既可开关，特殊情况又可灵活装拆。它的高度尺寸，大小按原有的尺寸制作。

隔扇由外框、心屉、绦环板、裙板、转轴及饰面配件等组成。

隔扇上段（心屉部分）与下段（裙板部分）的高一般按四六开，即所谓的“四六分隔扇”，可以有两种计算法：①由上抹头上皮至中上抹头上皮为六，再由其下至下抹头下皮为四；②按隔扇全高减去上中下抹头及绦环板的高，所得余数按上六下四。但不论按哪种计算，以中抹头中偏上的一根抹头为准，其高不能低于槛墙高为原则。

1. 隔扇外框

隔扇两边的立框叫“边框”或“边梃”，横框叫“抹头”，分上中下抹头，抹头的根数依建筑大小常分为六抹、五抹、四抹、三抹、二抹等。

2. 心屉

心屉又叫“隔扇心”或“棂条心”，即用棂条做成的各种拼花部分，常见的花心有：菱花锦、步步锦、龟背锦、冰裂纹等多种，棂条的宽厚一般为六八分。

3. 绦环板

宋称为“腰华板”，它是指除心屉之外，抹头之间的小薄隔板，分上、中、下绦环板，板厚一般为边梃宽的1／3。比较讲究的一般都在其看面雕刻有装饰性花纹。

4. 裙板

宋称为“障水板”，它是指中、下抹头之间的较大薄隔板，多雕刻有装饰性花纹。

5. 转轴

它是钉在隔扇边梃上供开关转动用的木轴，上下各一根，上轴插入中槛的连楹木内，下轴插入二连楹内，同门扇一样可套用寿山福海。

6. 饰面配件

它一般是用于较大隔扇上的铜制配件，统称为“面叶”。有的在上面冲压有云龙花纹，起装饰和加固外框的双重作用，根据装订位置不同分为：单拐角叶、双拐角叶、双人字叶、看叶和纽头圈子等。

7. 隔扇的制作安装

（1）隔扇外框的制作安装

隔扇的高宽见上面所述，隔扇边框和抹头的断面尺寸：其看面宽按一扇隔扇宽的1／10，厚按看面宽的1.1或1.2倍。

隔扇边框与抹头的两端，采用剔凿双半透榫卯进行结合，其中，上下抹头用大割角相交，中抹头用合角肩相交。边框、抹头的内边缘与绦环板、裙板的结合，是采用剔凿槽口线，拼装时将板插入槽口内，与外框一并同时安装。

隔扇心屉应另外做有仔边（即心屉外框），它与隔扇框用头缝榫或销子榫进行连接，一般菱花锦心屉因为花心棂条比较密，用销子榫插装较困难，所以一般都用头缝榫，即是在心屉位置的上下抹头内侧，凿打“上起下落”的槽口，即上槽口深度=2倍下槽口深，安装时将心屉榫先插入上槽口后再落下到下槽口内，拆卸时将心屉上抬即可拿出，即所谓上起下落；其他花形心屉均可用销子榫连接，已求拆装方便。

（2）心屉的制作安装

心屉仔边的断面尺寸：其看面宽按边框看面宽的3／5，厚按边框厚的7／10。心屉棂条：菱花棂条按四六分方，即看面宽为四分，厚为六分。其他花形棂条为六八分。棂条的拼接应按所设计的花形进行放样划线，采用上下扣槽相互套接。

（3）绦环板和裙板的制作安装

绦环板的宽按隔扇心宽加槽口深定之，高按抹头看面宽的二倍加槽口深，厚按边梃宽的1／3。

裙板宽、厚都同绦环板：高按隔扇框四六分后，扣减其下的抹头绦环所余尺寸定之。

（4）叶面的装订

面叶是用小铜泡钉，钉在边抹上加以固定的，其中，单拐角叶是钉在上下单抹头的两角；双拐角叶是钉在上绦环板或下绦环板的上（下）抹头两角；双人字叶是钉在中绦环板的边抹交接处；看叶主要用来装饰，钉在边梃上段的中部，纽头圈子是装订在用来做开关拉手的边梃上。

8. 门窗是维修工程中的一部分，门窗坏腐的重新进行制作，它的制作工艺强，以小木条纵横搭成各种花纹，而以原有式样划分横头料分格。

它所用的木料一定要干燥，不会变形，每根材料都要用小工具起线，正面起线亦分亚、浑、木、角、文、武、合挑等面。四周边挺与横头料相合成

·图10　窗格维修

·图11　木作修复

45° 斜合角，中间横头料与边挺相合上下45° 斜线相交之实叉，挺面起线，须绕横头料兜通，但制作时都要有一定技术经验的工匠制作，特别划线锯榫时细心认真，因花窗用料之小，榫头与榫眼不得有一点松紧，否则效果不佳，花格扭曲间距不正。花格窗有多种做法，本工程基本齐全，长窗、风窗、地坪窗、半窗、横风窗、和合窗等，在安装时也必须注意它的工艺要求横平、竖直、开起一致，进出高低成一线，达到标准要求。

飞罩挂落为木条镶搭成流空花纹，如网络之装饰物，悬装于廊柱间枋子之下，飞罩与挂落相似，惟其两端下垂如拱门，飞罩挂落都起着立面之装饰，它都装于建筑物立面上方，也采用各种花纹组合，与花窗制作工艺相似，都是精工细作的小木作工种，挂落在度量上必须认真细致，因开间大小不同，基本上主屋在古建中都不同，有着一定的规范，所以要度量准确，安装就方便，挂落一般都是制作好以后等建筑物基本完工最后安装，达到全面正确无误。（图10、11）

石作工程

本工程的石作工程主要为台阶、平台、侧塘石、锁口石、石栏杆等破损处维修更换。它们包括石料的一般加工和部分石料雕刻，由于石作维修要求高，故在这里述说我们遵守的石料加工的一般程序。

在各种形状的石料中，长方形石料最多，其他形状的石料，如三角形和曲线形石料的加工也往往是在方形石料的加工基础上，再做进一步的加工。因此，下面着重介绍方形石料的加工程序。

石料加工的基本程序是：首先确定荒料尺寸，根据尺寸全部石料用机械开锯加工确保正确无误，然后打荒；打大底；小面弹线，大面装线找平；砍口、齐边；刺点或打道；打轧线；打小面；截头：砸花锤；剁斧；刷细道或磨光。

上述程序不应是固定不变的，在实际操作中，某些工序常反复进行。石料表面要求不同时，某些工序也可不同。如表面要求砸花锤的石料，则不必剁斧扣刷细道了。

确定荒料根据石料在建筑中所处的位置，确定所需石料的质量和荒料的尺寸，并确定石料的看面。荒料的尺寸应大于加工后的石料尺寸，称为“加荒”。加荒的尺寸因不同，但最少不应小于2厘米。如荒科尺寸过大，宜将多余部分凿掉。

打荒在石料看面上抄平放线，然后用錾子凿去石面上高出的部分，为进一步加工打好基础。

弹扎线，打扎线在规格尺寸以外1.2厘米处弹出的墨线叫做“扎线”。把扎线以外的石料打掉，叫做打扎线。

小面弹线大面装线抄平。先在任意一个小面上、靠近大面的地方弹一道长的直线。如果小面高低不平，不宜弹线，可先用錾子在小面上打荒找平后再弹线，弹线进应注意，墨线不应超过大面最凹处。

砍口、齐边沿着小面上的墨线用錾子将墨线以上的多余部分凿去，然后用扁子沿着墨线将石面“扁光”，即“刮边”，刮出的金边宽度约为2厘米（成品的实际尺寸）。实际操作中，往往在剁斧工序完成后再刮一次金边。如果石料较软（如汉白玉）就应分几次加工，以防石料崩裂。

刺点或打道　以找平为目的的打道又称为“创道”。刺点或打道的主要目的都是将石面打平，除汉白玉等软石料外，一般应以刺点为主。如石料表面要求为打糙道者，刺点后应再行打道，为保证打出的道平直均匀，可按一寸间距在石面上弹出若干条直线，按线打道。

刺点或创道应以刮出的金边为标准，如石面较大，可先在中间冲出相互垂直的十字线来，十字线的高度与金边高度以相同，然后以十字线和金边为标准进行刺点或创道。石料的纹理有逆、顺之分。顺槎叫“呛碴”、“开碴”或“顺碴”。逆槎叫“背碴”或“掏碴”。打背碴进度慢，道子也不易打直，打呛碴效率高，打出的道子也容易直顺，但有些石料打呛碴容易出现坑洼。因此打道时应根掘石性，找好呛（背）碴再开始凿打。

打线，打小面在大面上按规格尺寸要求弹出线宋，以扎线为准在小面上加工，加工的方法可与大面相同，也可略简。一般情况下，小面应与大面互相垂直。但要求做泛水的石活，如阶条石等，小面与大面的夹角应大于90°。

截头　截头又叫“退头”或“割头”。以打好的两个小面为准，在大面的两头扎线，并打出头上的两个小面，实际操作时，截头常与打扎线打小面同进行。为能保证安装时尺寸合适，石活中的某些构件如阶条石等，常留下一个头不截，待安装时再按实际尺寸截头。

砸花锤　经过上述几道工序，石料的形状已经制成，石面经刺点或打糙道，已基本平整，如表面要求砸花锤交活，就可以进行最后一道工序了，如要求剁斧或刷细道，在砸花锤以后，还应继续加工。如石料表面要求磨光者，应免去砸花这道工序。

砸花锤时不应用力过猛，举锤高度一般不超过胸部，落锤要富于弹性，锤面下落时应与石面平行。砸完花锤后，平面凹凸不应超过4毫米。（图12、13、14）

·图12　砖细维修前现状

·图13　砖细维修前现状

·图14　砖细维修前现状

屋面工程

1. 琉璃瓦屋面

琉璃瓦是表面施釉的瓦。其规格大小按原来屋面的规格定制。

（1）削割瓦作法：一般指琉璃瓦坯子素烧成型后“焖青”成活，而不再施釉的瓦件。削割瓦的外观虽然接近黑活瓦面，但其作法却应遵循琉璃规矩，就是说，削割瓦虽无釉面，但从等级和做法角度游，属琉璃屋面。尤其是屋脊、仙人走兽的做法与琉璃完全相同。

（2）琉璃剪边作法：用琉璃瓦假檐头和屋脊，用削割瓦或布瓦傲屋面。该工程屋面均为绿心黄剪边。

2. 正脊

歇山正脊可分为过垄脊和大脊两种作法，圆山卷棚形式的即为过垄脊，尖山形式的即为大脊。较重要的建筑一般应采用大脊作法，园林建筑常采用过垄脊作法。

3. 垂脊

正脊做过垄脊的，垂脊就应做罗锅卷棚脊（箍头脊），其作法参见圆山式硬、悬山建筑的垂脊兽后作法。如正脊做大脊的，垂脊作法与尖山式硬、悬山建筑垂脊作法的兽后作法相同。

歇山垂脊与硬、悬山垂脊作法的不同之处是：

（1）歇山垂脊没有兽前，垂兽的位置应放在挑檐桁上，垂兽座与硬山垂兽座不同，它三面都有花饰。兽座底下要放压当条和托泥当沟，托泥当沟卡在前（后）坡与翼角边垄之间。托泥当沟不仅起承重作用，同时能将两垄之间的灰砖遮挡住。压当条比托泥当沟稍出檐，压当条和兽座出檐齐。

（2）小红山排山勾滴下面的一段垂脊因座在两垄边垄之上，所以外侧不用当沟也用平日条。两侧平口条与托泥当沟交圈，外侧平口条与戗脊斜当沟交圈。

（3）两侧压当条与托泥当沟上面的压当条交圈。

4. 戗脊

歇山戗脊又叫岔脊，其作法与庑殿垂脊大致相同，不同的是：

（1）兽后不用垂通脊而用戗通脊，与垂脊相交的戗脊砖要用割角戗脊砖。

（2）戗脊斜当沟与垂脊正当沟交圈，戗脊压当条与垂脊压当条交圈。

为使戗脊保持水平，撒头这侧与垂脊相交的压当条下口应与另一侧压当条在同一水平线上。戗脊与垂脊交接要严实，不得出现裂缝，否则容易产生漏雨现象。

八样瓦屋面的戗脊，兽后一般不用脊筒子，而改用连砖作法，如兽后用大连砖（又叫承奉连砖），兽前用三连砖。或兽后用三连砖，兽前用小连砖。九样戗脊由于更加矮小，所以兽后多使用三连砖或小连砖，兽前的压当条以上仅用平口条，平口条以上直接放走兽。撺、搞头改用三仙盘子。

5. 博脊

在歇山撒头瓦面和“小红山”相交的地方所做的屋脊叫博脊。博脊两端隐入排山勾滴的部分叫做“博脊尖”，俗称“挂尖”。

博脊一般应由下列脊件组成：正当沟、压当条、博脊连砖和博脊瓦（俗称“滚水”）。博脊连砖与三连砖的外观相同，博脊瓦与扣脊筒瓦的外观相似，所以博脊的外观实际上是与垂脊或戗脊的兽前部分相同的。五样以上瓦件，应将博脊连砖改为承奉博脊连砖。

调博脊之前应先确定“挂尖”位置。挂尖里棱必须紧靠踏脚水（或山花板），只有这样，木架表面的油饰才能遮住挂尖里棱而不致漏雨。挂尖外侧端头（平面上钝角转角处），宜在撒头边垄盖瓦中线上，但首先应能使挂尖隐入排山勾滴之下，所以必要时可以适当调整。

按照确定好的挂尖位置确定当沟位置，当沟的外度不超出挂尖外皮，按此位置开始捏当沟，然后以两端挂尖为标准，逐层拴线铺灰调脊。脊内要用“衬脊灰”（麻刀灰）堵严塞实，最后铺灰安放博脊瓦。博脊瓦的泛水应同挂尖，接缝处要用灰勾严。

调脊时应首先在正对正脊的位置，即博脊的正中位置放置一块博脊连砖（或承奉博脊连砖等），再往两边赶排。

瓦屋面施工要求

1. 屋面、檐口瓦

挂瓦次序从檐口由下到上、自左至右的方向进行。檐口瓦要挑出檐口50～70毫米;瓦后爪均应挂在挂瓦条上，与左边、下面两块瓦落槽密合，随时注意瓦面、瓦楞平直，不符合质量要求的瓦不能铺挂。为了保证挂瓦质量，应从屋脊拉一斜线到檐口，即斜线对准屋脊下第一张瓦的右下角，顺次与第二排的第二张瓦、第三排的第三张……直到檐口瓦的右下角，都在一直线上。然后由下到上依次逐张铺挂，可以达到瓦沟顺直，整齐美观。

2. 斜脊、斜沟瓦

先将整瓦（或选择可用的缺边瓦）挂上，沟瓦要求搭盖泛水宽度不小于150毫米，弹出墨线，编好号码，将多余的瓦面用钢锯锯掉，然后按号码次序挂上；斜脊处的平瓦也按上述方法挂上，保证脊瓦搭盖平瓦每边不小于40毫米，弹出墨线，编好号码，锯去多余部分，再按次序挂好。斜脊、斜沟处的平瓦要保证使用部分的瓦面质量。

3. 脊瓦

挂平脊、斜脊脊瓦时，应拉统长麻线，铺平挂直。脊瓦搭口和脊瓦与平瓦间的缝隙处，要用麻刀灰嵌严刮平，脊瓦与平瓦的搭接每边不少于40毫米；平脊的接头口要顺主导风向；斜脊的接头口向下（即由下向上铺设），平脊与斜脊的交接处要用麻刀灰封严。

瓦屋面质量要求

1. 屋面瓦不得有缺角、砂眼、裂纹和翘曲张口等缺陷。铺设后的屋面不得渗漏水（可在雨天后检查）；

2. 挂瓦应平整，搭接紧密，行列横平竖直，靠屋脊一排瓦应挂上整瓦；檐口瓦出檐尺寸一致，檐头平直整齐；

3. 屋脊要平直，脊瓦搭口和脊瓦与平瓦的缝隙、斜沟瓦与排水沟的空隙，均应用麻刀灰浆填实抹平，封固严密。（图15、16、17）

·图15　维修前屋面局部

·图16　屋面琉璃兽头

・图17　大殿鸱吻

・图18　琉璃构件小样对比

・图19　琉璃构件小样

以上是我们在维修施工中遵循的部分主要维修方法,还有余下部分由于篇幅有限,将不一一罗列。

另外,在维修施工中我们主要督促施工方在维修过程中严格做到了以下几点:

1. 现场测绘、拍照、取证、小样封存：进场施工脚手架搭设完成后，我们组织技术人员和施工老师傅对每一座单体中的琉璃瓦及正脊、角脊、套兽、吻兽、勾头、滴水进行拍照留存。同时对每一构件全部绘制大样、标注清细部尺寸，对现场每一个构件的实物全部留小样二组，一组交由建设单位、监理单位保存；一组送至专业的琉璃瓦生产厂家，由厂家对照小样开模烧制，模胚开好后，再组织建设单位、监理单位去厂方对照小样检查，确认与小样一致后，方可大批生产烧制。（图18、19、20、21）

2. 严格控制好原材料的进场关，水泥、黄沙、琉璃瓦除有出厂证明、产品合格证、检测报告外，全部请监理见证取样，送至检测中心复检合格后方可进场使用。木材选用市场上拆除下来的可以使用的老杉木，蝴蝶瓦、黄道砖、金砖选用苏州御窑生产的免检手工制作产品。对于生漆选用四川省南充的大巴山优质天然生漆，同时取样送至产品质量监督检验所检测合格后再使用。

3. 每道工序施工前，首先由技术负责人进行技术交底，使每个施工人员都心中有数，对可能出现的质量通病，采取预先控制。

4. 在修缮施工过程中，要求施工方坚持“自检、互检、交接检”三检制度，狠抓各工序的工程质量。木构件的制作、安装全部按照古建传统做法进行施工。全部采用榫接。坚决杜绝采用枪钉直接连接法，对于部分缺失的窗棂、饰品请专业的雕花匠现场仿原样雕刻，所有的施工工序我们严格按照仿古建筑的施工规范施工。

5. 装饰施工中，特别是生漆做法，所有的木柱全部采用传统的地仗一麻五灰做法，其余木结构室内采用三灰，室外采用四灰，面漆全部为生漆哑光。内外墙乳胶漆，首先要求内外墙面修补，补粉必须符合规范要求，外墙粉刷必须隔日二次完成，

·图20　屋面施工

·图21　琉璃瓦进场

・图22　旧匾额

・图23　挂匾现场-1

・图24　挂匾现场-2

・图25　挂匾现场-3

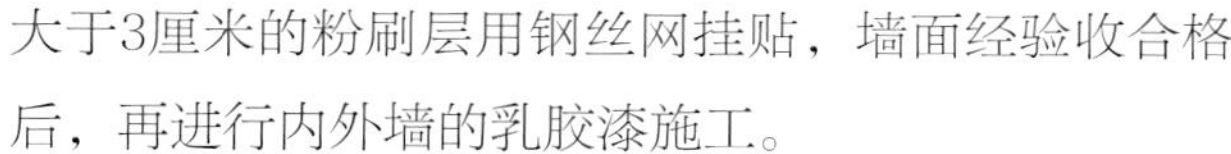

大于3厘米的粉刷层用钢丝网挂贴，墙面经验收合格后，再进行内外墙的乳胶漆施工。

6. 水电安装：严格按照图纸设计的内容，对原有各单体内的配电系统进行全部改造，室外综合给排水管网全部按现行施工验收标准进行施工。

由于这次维修是揭顶大修，对于破损部位必须进行仔细的研究分析，特别是对大殿戗角部位的木结构屋架，要进行测量并找出存在问题的根源，在对原建筑结构形状充分了解的情况下，对照古建筑木结构维护与加固技术规范，再做出合理的维修方案，并邀请了多位古建维修专家对维修方案进行科学论证，对于专家提出的宝贵意见，及时采纳并合理运用，例如在崇圣殿的维修中，东北角的戗角梁已腐朽的倒塌下来，角科腐朽松散，二道梁断裂，斗盘枋变形，针对这一情况我们提出来科学的解决方案，按照古建筑维修与加固规范要求，采用30mm厚钢板制作成十字架形，用托梁换柱的办法垫付到斗盘枋上部，扩大承载力，把断裂的二道梁用12号槽钢进行加固，保持原状不变，斗拱构件严重腐朽按原样复制构件安装，如：老角梁、仔角梁、菱角木、仔桁等构件全部更换，四个戗角恢复到原来形状并获得专家们的一致认可。

类似的例子不胜枚举，又如在一期工程油漆施工过程中，清理原有的大漆面层时发现了清代的彩绘层，证明了原同治年间修整一新的朝天宫是有彩绘装饰的，但是在“文革”期间被作为封建残余给覆盖掉了，现在清理出的纹饰模糊不清，仅仅残留了部分矿物质的颜料，在征求了部分文保专家后，认为整个朝天宫古建筑维修，无论是外观还是内部结构，均应恢复到上一次大修时的样子，对于1957年就被列为省级文物保护单位，如今还在申请第七批国保的朝天宫维修必须严格按照《中华人民共和国文物保护法》规定修旧如故，但是原先的彩绘在新中国成立后曾被油漆覆盖，后来维修时又被铲掉，如果不能严格按原来的图案恢复，那就宁可不用彩绘，不能臆造，因此，专家组决定保留一小部分较为完整的清代彩绘层，运用科学手段加以保护，其余全部按上一次的状态恢复，留下的这部分彩绘，既有纪念意义，也能给后面的维修者做出合理的提示，恢不恢复整体彩绘就交由后人去决定了。

自朱元璋下诏赐名朝天宫至今已有600余年，重建文庙的历史也有144年。在经历了一年零五个月的紧张施工后，维修完工的大成殿等处还举行挂匾仪式，这是“文革”以后，朝天宫古建筑群重新挂上匾额。匾额复制了清帝的御笔，写有“大成殿”三个大字的匾额固定在屋檐下，蓝底金字格外醒目，此次挂匾的建筑除了大成殿外，还有大成门和崇圣殿，其中大成门和大成殿，是按照曲阜孔庙复制的，是雍正皇帝的御笔；而“崇圣殿”三个字，则取自北京帝王庙的景德崇圣殿，是乾隆皇帝的御笔。至于原朝天宫的匾额，被毁于“文革”期间，只留下崇圣殿的匾框，三块新匾额都复制了这个匾框。匾额长2.4米、宽1.5米，重达470斤，从地面运到檐下，用了20个人。其用料也很讲究，底板是不开裂不变形的老杉木，而边框用的是高硬度的老红松，刻划的花纹线条清晰，基本达到了文物原样复制的水准。（图22、23、24、25）

南京市委市政府把朝天宫的建设列为南京市政府文化建设重要工程，涉及古建维修、展览陈列、环境改造等多项内容，连同前期的新展厅建设，总工程投资约1.2亿元，而这次朝天宫古建维修工程也是新中国成立以来政府投入最大的一次。此次大修意义重大，不仅仅在技术上维修了一个完整的朝天宫古建筑群体，更体现了城市管理者以敬畏历史之心，传承名城文化的良苦用心，保护南京历史文化特色，挖掘整合古今文化资源，彰显名城特色魅力，推进历史文化名城保护已经不仅仅是各级领导的案头工作，更成为文博战线上每个工作者的必然职责。（图26）

·图26　朝天宫雪景

南京朝天宫古建筑群环境配套整治方案

周　燕　田　原

项目概况

区位

朝天宫位于南京市中心位置，水西门冶城山上，王府大道西侧，莫愁路的东侧，内秦淮河的北畔，地理位置优越，隶属于白下区。

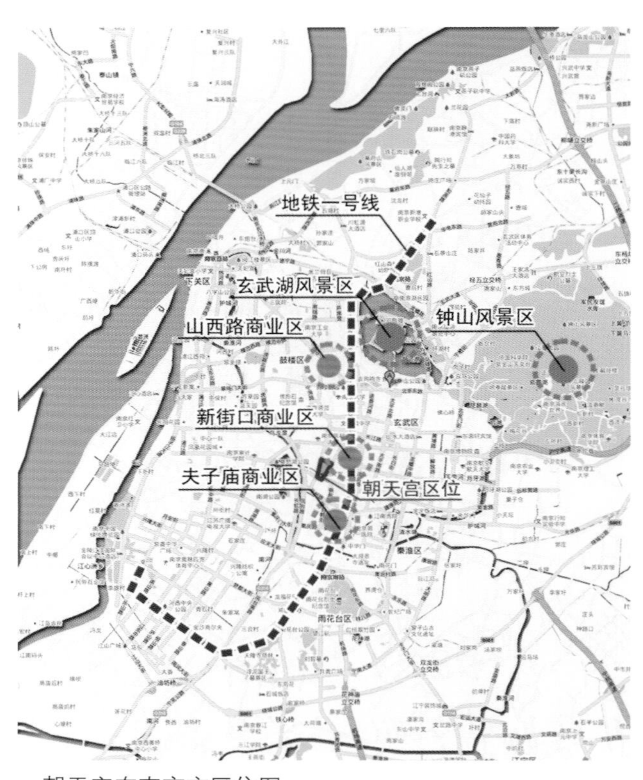

· 朝天宫在南京市区位图

朝天宫现状

朝天宫主景区占地面积约为22950平方米，是江南现存规模最大、保存最为完好的一组古建筑群。现为南京市博物馆所在地。

朝天宫为典型的明清殿宇式建筑。其建筑格局、样式、营造技术等，是研究中国古代建筑尤其是明清建筑的重要而难得的实物资料，具有极高的历史、艺术和科学价值。

· 朝天宫现状概况-1

· 朝天宫现状概况-2

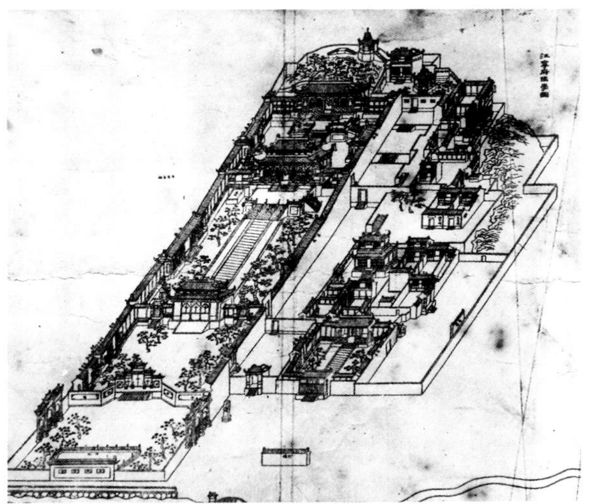

・朝天宫旧照

历史脉络

春秋

吴王夫差在此冶炼铸铁。历史上记载南京最早的名称就是“冶城”。

三国

孙吴时，孙权在此设置冶宫，铸造铜铁器。

东晋

东晋初期，这里是丞相王导的西园。太元十五年（390年），在此大兴土木，建冶城寺。

南朝

这里是我国南方最早的科研机构“总明观”的所在地，观内集中了来自刘宋国内各地的社会名流，在此交流、研究社会科学和文化艺术的成果。

唐朝

在冶城山上建太清宫。

南唐

在其之西立武烈帝庙。

北宋

在此建文宣王庙，这是冶山建为文庙的开始。

明朝

洪武年间（1384年）明太祖朱元璋下诏赐名为“朝天宫”，取“朝拜上天”，“朝见天子”之意。并建有习仪亭。在明代，朝天宫一直是朝廷举行盛典前练习礼仪的场所，以及官僚子弟袭封前学习朝见天子礼仪的地方。

清朝

清朝末年，朝天宫改为江宁府学和文庙。

现代

现为南京市博物馆所在地。

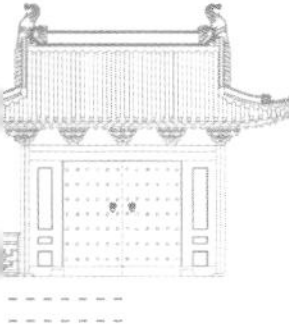

分区概况

朝天宫及周边地区主要分为六个部分，分别为博物馆办公接待区、朝天宫古建区、六朝文化园、西侧公共绿地、江宁府学和安乐园，其中本次规划范围主要包括朝天宫古建区、六朝园文化园及部分办公接待区。

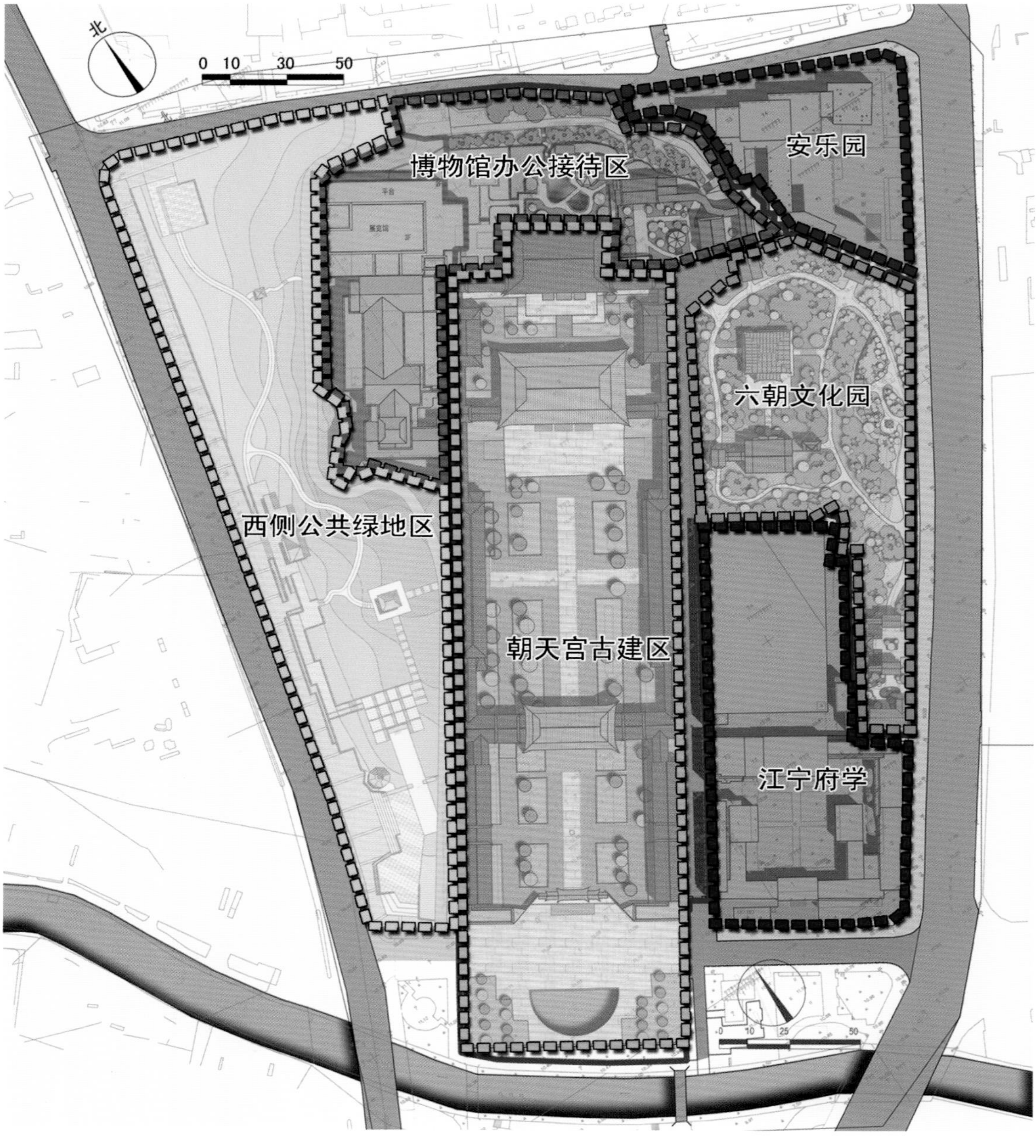

古建区现状概况

整个朝天宫古建区采用古典的中轴对称的殿宇式建筑布局，分为入口广场，一至三进四个空间。主体建筑沿中轴线逐次递进，形成了雄浑庄严的皇家气势。恰逢此次文物大修，朝天宫古建群正式进行揭顶整修。

整个古建区现状风貌不佳。铺装由于年久失修，局部起伏，残损严重。绿化植物配置过于杂乱且工程化，与整体古建区的皇家气势不相符。其中，中层植被的混杂，加上某些临时搭建，从而导致游人视线的闭塞，使得整个古建区的建筑立面不能完整而清晰的展现出来。

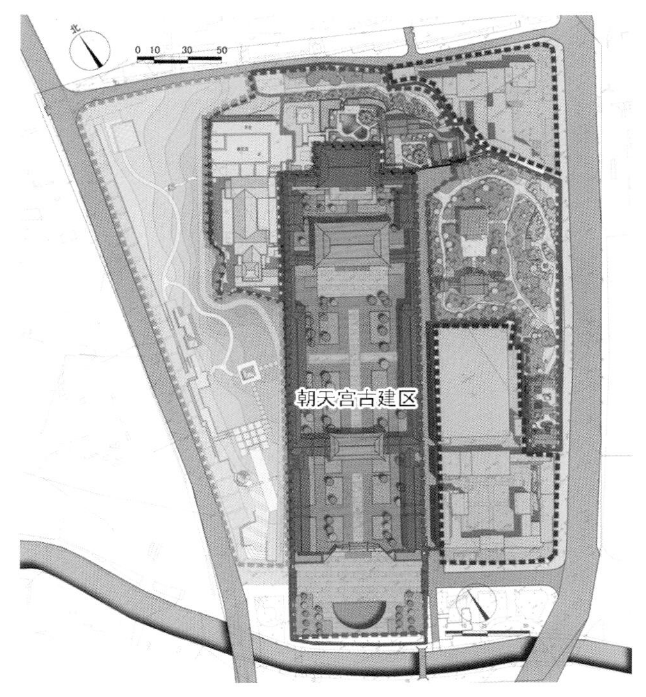

· 古建区区位示意图

· 入口广场

· 一进广场

· 二进广场

· 三进广场

博物馆办公接待区由三部分组成：博物馆新馆区、博物馆后场区、敬一亭景园和御碑亭景园古典园林区。

博物馆新馆区在本次规划范围内的区域仅为新建广场绿地。

博物馆后场区由于现状交通混乱，且与冶山道院，安乐园相邻的区域地势高差较大，立地条件复杂，此次改造将对其交通进行整理和贯通，增加绿量和垂直绿化，对于其对总体景观影响较大的面进行遮挡和植物点缀。

古典园林区包含敬一亭景园和御碑亭景园。两个景园现状都是铺装较为陈旧破败，植物配置与其古典园林的定位不相称，局部景观设施僵硬缺乏美感，此次改造将对其景观进行整治提升。

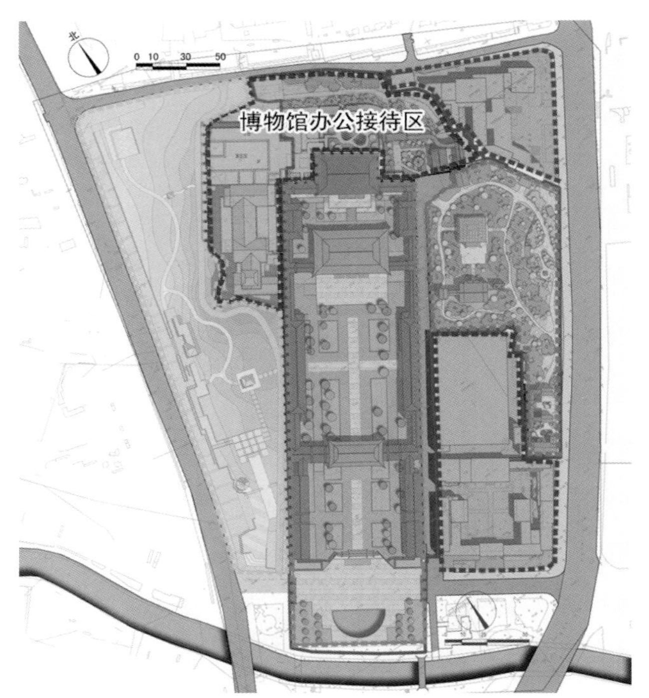

· 办公接待区区位示意图

· 新建的南京市博物馆新馆

· 敬一亭现状

· 御碑亭现状

· 安乐园后场

六朝文化园位于古建区的东侧，紧邻王府大街，南京博物院仓库的北面，与安乐园相衔接。整个地块为自然坡地，高差较大，现状植被浓密，古树参天，中层植被较为混杂，绿量有余而景观不足，需对植物景观进行整理和提升。

六朝园大致可分为四个功能区域：入口区、竹林七贤景区，冶城阁景区以及和安乐园衔接的过渡空间。

入口区为小型的市民休闲集散广场，散置着些许六朝石刻，需进一步进行优化，适当增设景观建筑，起到管理和集聚人流的作用。

竹林七贤景区内现有六朝井、竹亭、七贤石雕。现状六朝井较为破败未能很好利用，七贤雕塑布置较为零散，周边竹类种植缺乏规模和气势未能形成竹林幽闭的效果。

冶城阁现为危房，未能发挥作用，曲水流觞由于立地条件限制，有名无水，需配合冶城阁的整治改造进行景观提升和功能优化。

与安乐园后场的衔接区需考虑软性隔离。

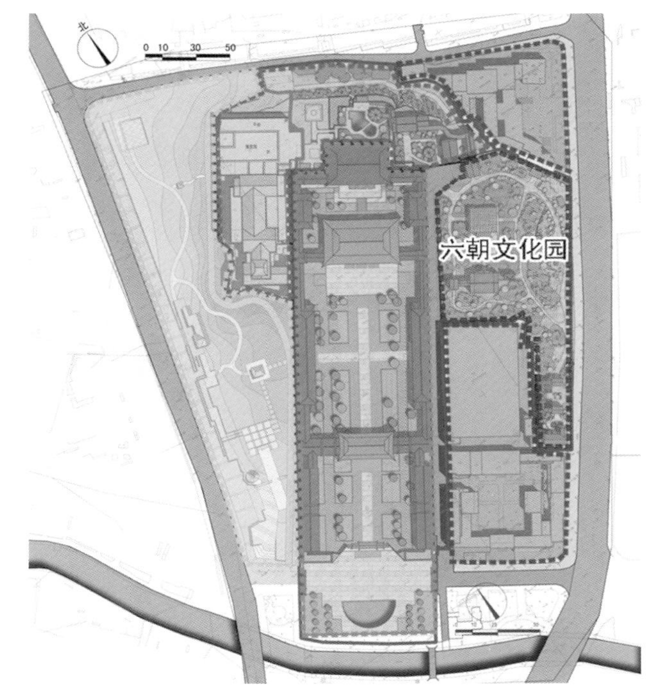

· 六朝文化园区位示意图

· 入口景观区

· 竹林七贤景区

· 与安乐园衔接区

各区设计理念

古建与接待区

怀古休学

在漫漫历史长河中，朝天宫与“学”的概念有着密切的联系，如今也已成为南京博物馆重要的组成部分。本次设计旨在将现代人的学习参观与历史结合，在历史的环境中体会到古老的中华文明是现代人的巨大财富。

修旧如旧

修旧如旧指的是在不改变文物原状的基础上，恢复其本来金碧辉煌、生机勃勃之貌。朝天宫是江南地区保存的规模最大，最完好的古建群。并且在古建中等级较高，最具皇家风范。本次整治旨在恢复朝天宫皇家朝天圣地的庄重感与仪式感。

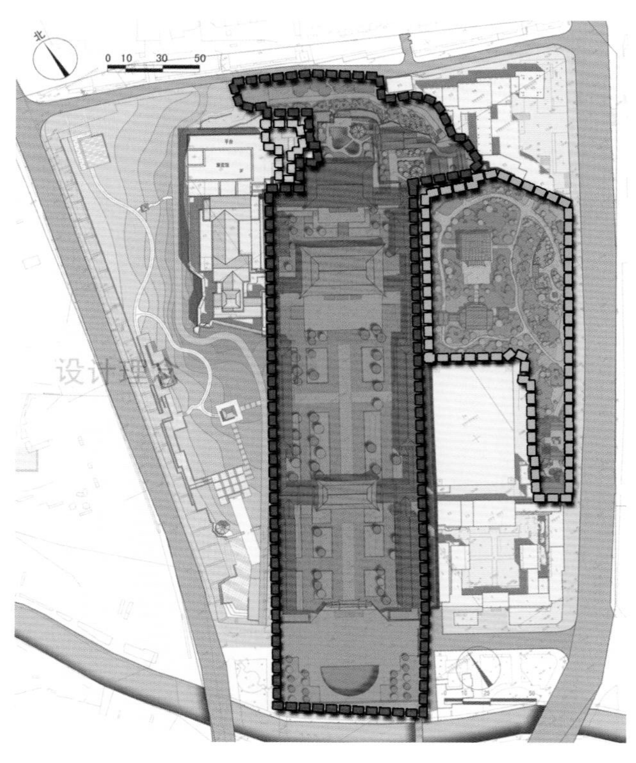

· 定位分区示意图

设计目标

充分还原古建群本来样貌，让人们在参观博物馆的同时可以体会到朝天宫本身的历史价值与恢宏气魄。

六朝文化区

文化休闲

景区范围内现有景点较为零散，在本轮设计中将对其重新梳理，配以展厅、展廊、井亭，将文化与游客休闲相结合，让人们在游玩赏景的同时又可与六朝文化零距离接触。

自然生态

六朝园林讲究大气简洁、回归自然。本轮设计中将围绕此主题，增添植物种类，丰富植物色彩，将原本单调、杂乱的景观重新梳理，并彻底改造六朝园与其他地块接壤处的不足之处。

功能优化

六朝园内现有景点较为单一，与其定位的休闲文化园差别较远，因此将对其内部功能进行提升优化，将入口处功能提升，丰富冶城阁周边景观功能。

设计目标

充分体现中国古典园林中的简洁大气、让人们在休闲游乐的同时体会到山林之美和六朝文化脉络。

设计原则

去芜存菁

除去杂质，保留精华。对于长期以来的不规范建设和乱搭乱建，进行清除和拆迁。使得古建筑立面清晰而完整的展现出来，恢复和完善其原本景观格局。对于历史遗存的景观风貌进行修复，修旧如旧，存其精华，最大限度的恢复其原貌。

功能优先

因地制宜，意境交融。以人为本，满足功能需求。在环境综合整治中，将软硬景巧妙结合，梳理绿地植物时，考虑到景观的通透性和连贯性，为游人提供休憩场所。完善和沟通景区内的交通系统，对原本不符合人体工程学的游步道进行改造。各个功能区的整治修复应符合各自区域的功能定位。

自然生态

注重自然生态景观的塑造，充分考虑植物的生态内涵，建立集生态、展示、游览等功能于一体的景观体系。注重可持续发展的原则。园区应该恢复自然的生态系统，认真对活动区域进行划分和界定，尽量多的让人感受到自然的生态系统。充分利用自然可再生资源。

文化传承

挖掘历史，传承历史。对于朝天宫景区的历史文化进行深入了解。在环境综合整治中，对于古建保护区，应该尽量做到修旧如旧，并运用传统园林的造园手法，进行局部的精心刻画。丰富导游系统、基础设施、景观小品，大量运用传统材料和符号，力求和整体古建风格统一。对于新建成的各个区域进行修复和整治，注重传统文化的引入。

设计定位

古建区与接待区

对于朝天宫古建筑群区，设计定位为修旧如旧，还其本原，恢复皇家朝天圣地的庄重感和仪式感。

六朝园林区

对于六朝园林区设计定位为文化休闲，生态整治，功能优化，在原有景观格局的基础上，整合优化原有景点，适当增加休闲设施。

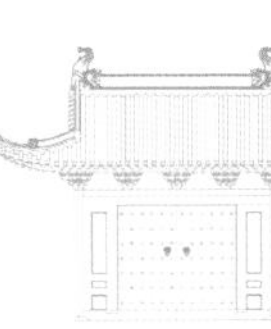

规划总平面图

景点介绍

1. 棂星门　2. 大成门　3. 大成殿　4. 崇圣殿　5. 御碑亭　6. 敬一亭　7景观池　8. 冶城阁　9. 竹林七贤　10. 南朝井亭　11. 休息轩　12. 茶室　13. 博物院仓库　14. 昆剧院　15. 江宁府学　16. 博物馆新馆　17. 西侧绿地　18. 安乐园

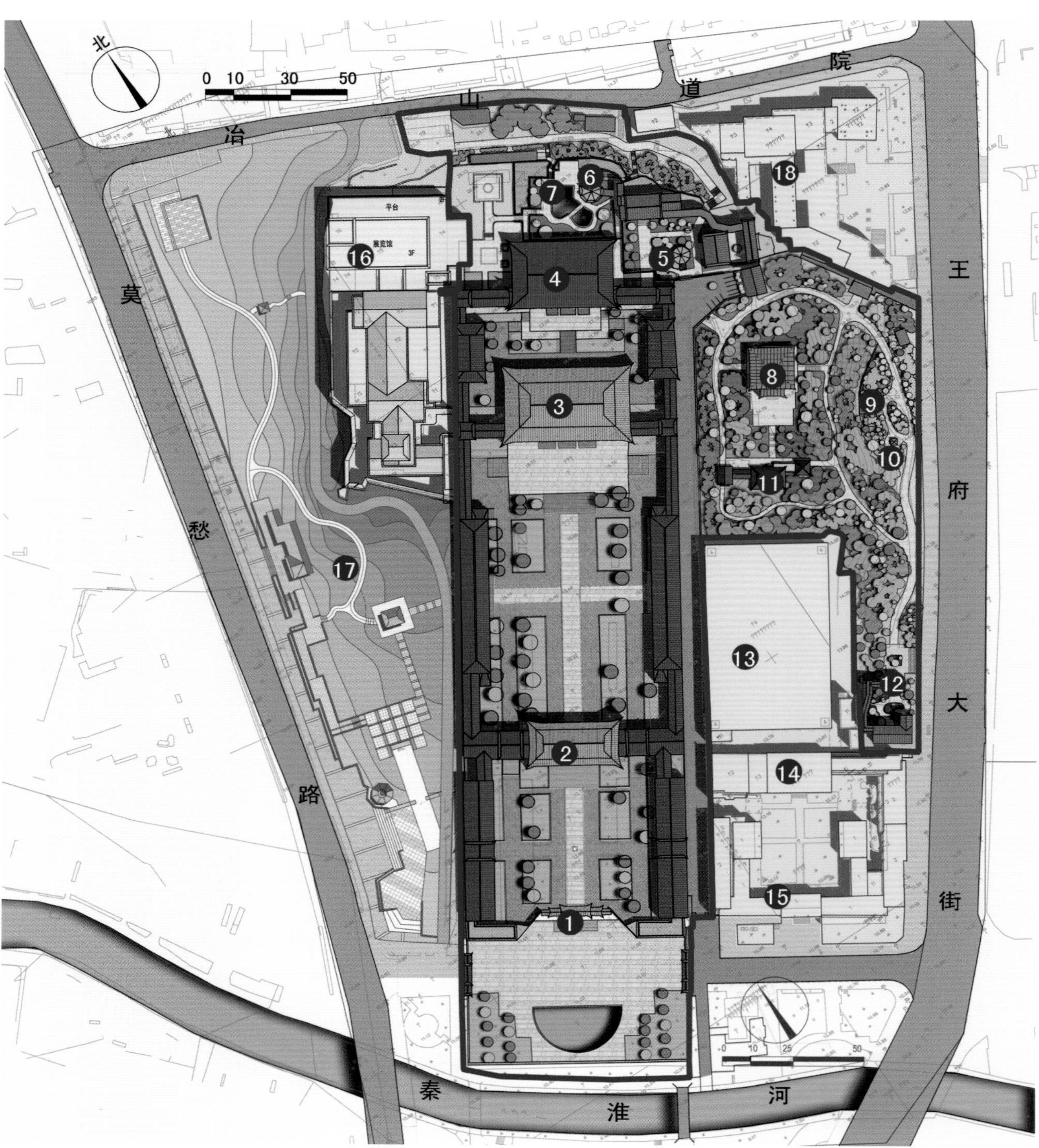

鸟瞰图

分区分析图

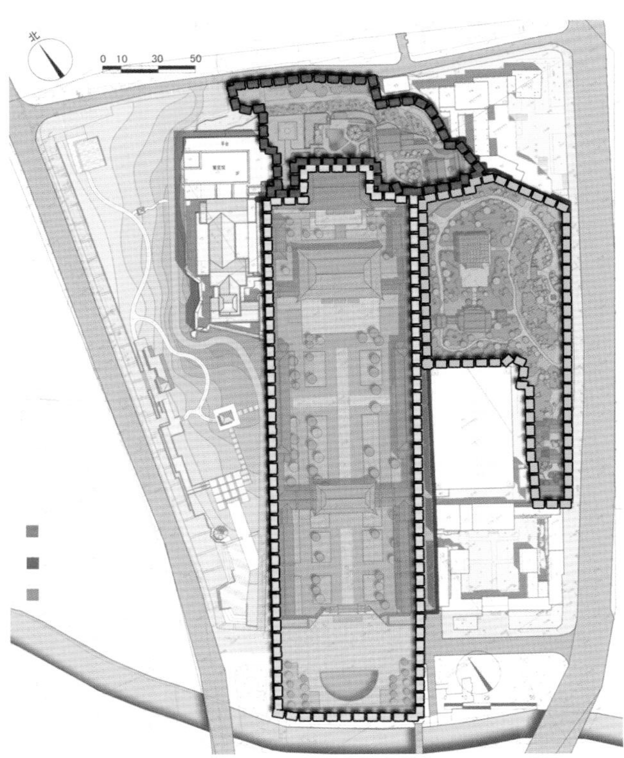

■ 开放区 ■ 半封闭区 ■ 封闭区

交通分析图

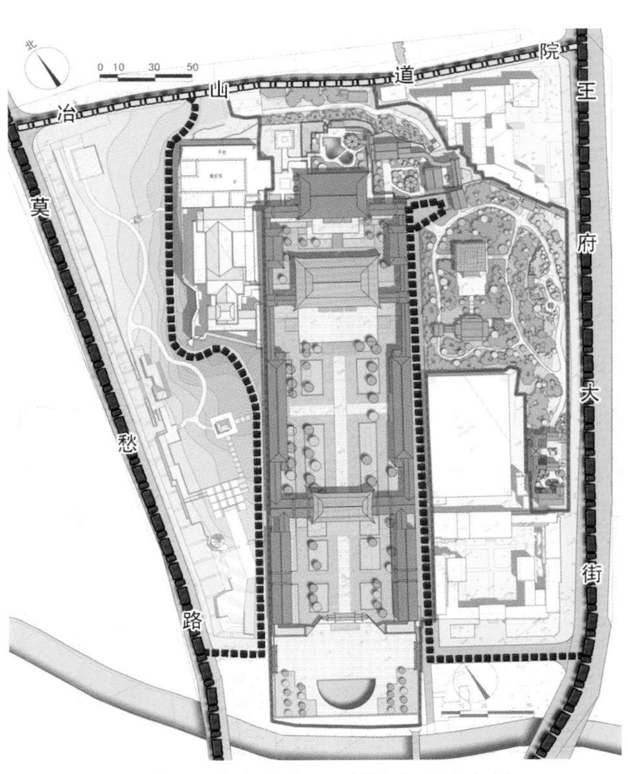

■ 城市主要道路 ■ 城市支路 ■ 地块内消防车道

高程分析图

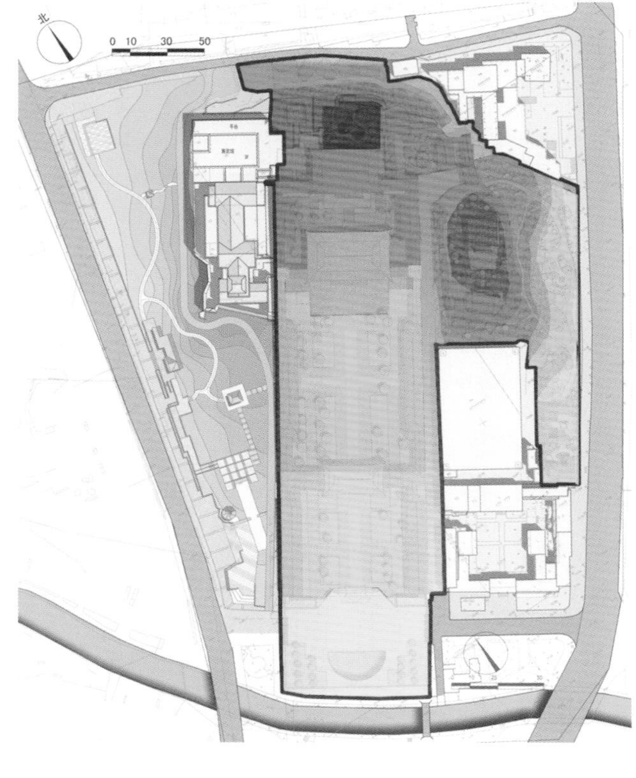

标高高程
- 29-30M
- 26-28M
- 23-25M
- 20-22M
- 17-19M
- 14-16M
- 11-13M
- 9-10M

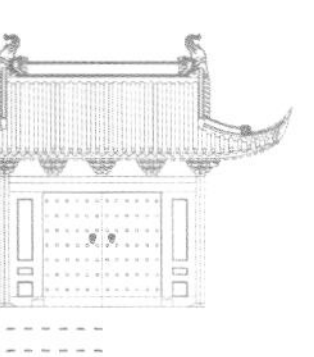

植物分析图

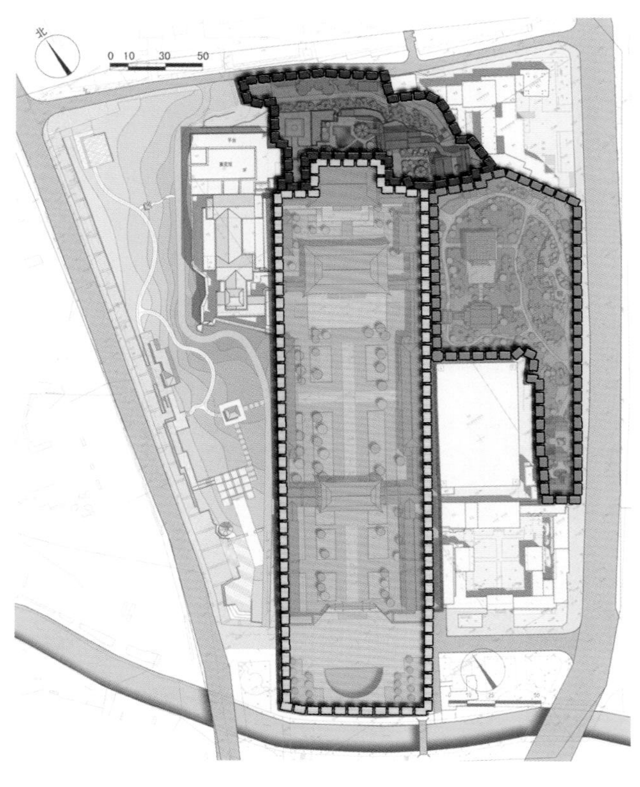

- 保留高大古树名木，去除中层植被，保留和修补绿色草坪。体现古建区简洁大气之貌。
- 采用古典式植物配置手法，保留高大古树名木，丰富和更新中层植被。体现古典园林精致秀气之美。
- 保留高大古树名木，整理中层植被，增加竹类主题林，丰富花灌木和草本花卉。呈现山花烂漫，野趣横生的山林之貌。

古建与接待区总平面图

1. 万仞宫墙
2. 泮池
3. 入口广场
4. 棂星门
5. 一进广场
6. 大成门
7. 二进广场
8. 大成殿
9. 三进广场
10. 崇圣殿
11. 敬一亭
12. 御碑亭

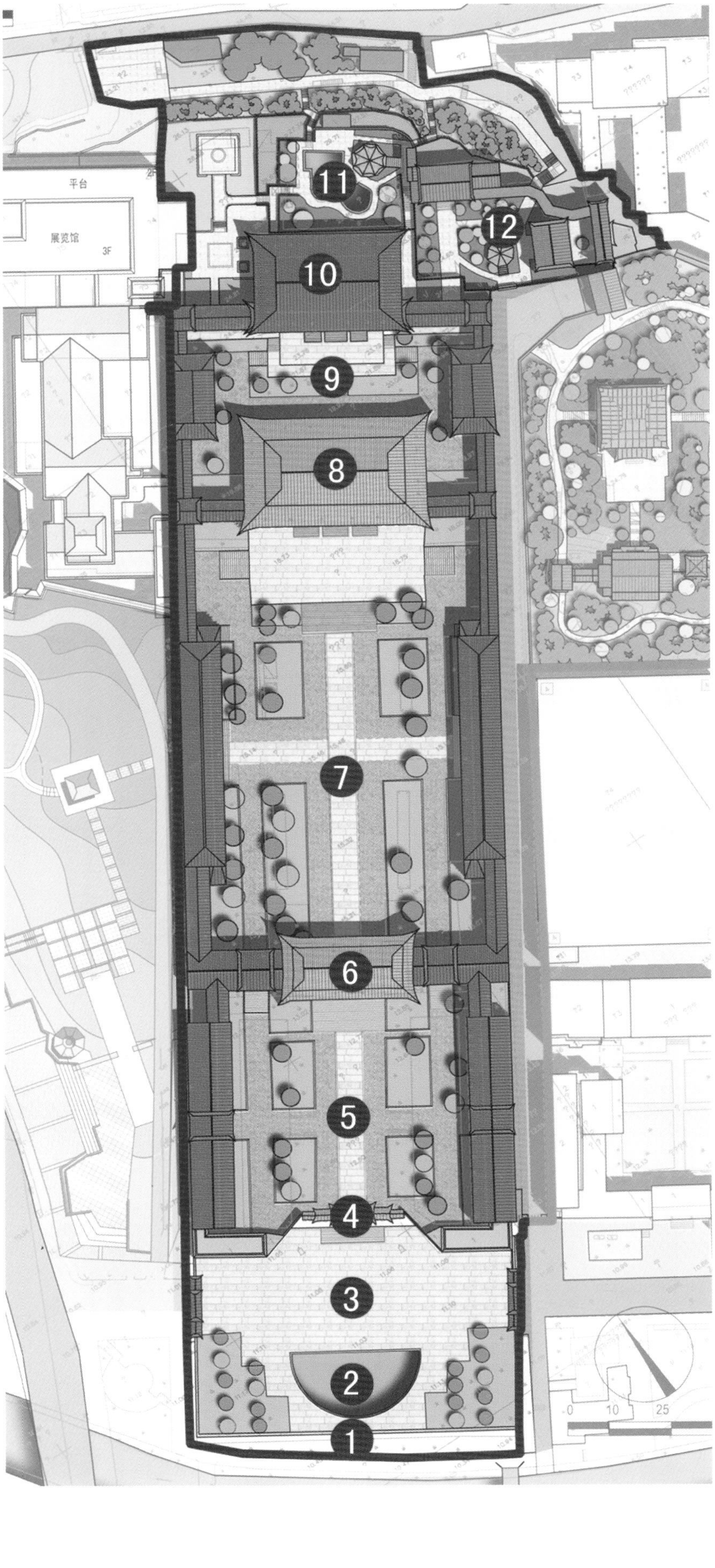

入口广场

入口广场起到了汇聚王府大街和莫愁路上两个入口人流的作用，现状入口由于缺乏管制，自行车等非机动车随意进入，肆意停放从而使广场整体效果杂乱。

入口广场现状有一泮池，两侧绿地现状大树长势良好，但下层灌木配置单调，缺乏美感，此次整治将去除下层整形绿篱，适当配置色叶灌木和花卉，同时在保护原有高大乔木的基础上，适当增加地形，丰富整个植物的层次感和景深效果。

入口广场现状铺装和台阶已经残破，此次进行修补。对于垃圾桶等景观设施也统一进行管理。

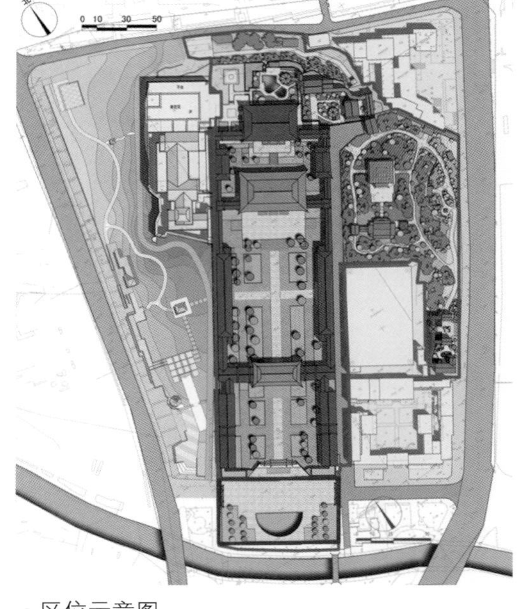

· 区位示意图

· 现状示意

· 主体建筑

· 改造后效果图

一进广场

一进广场位于大成门和棂星门之间，现状有古玩市场和孔子雕塑，绿化方式为整形绿篱配植高大乔木。

铺装材料中轴线为错缝铺设的青石板，其余铺装均为席纹铺设的青砖。整体朴素大方，此次改造只对其残损部分进行修复，并在绿地边缘增添浅灰色花岗岩收边。

将原有的高大乔木全部保留，对其中层植被进行整理，保留现有大桂花，移除原有的绿篱和棕榈等不太适宜的中层植被。形成绿色草坪加高大乔木的植物配置模式，和皇家殿宇式建筑的庄重感相呼应。

拆除搭建的古玩市场，恢复其原有的形制，结合整理后的绿地，展现完整而恢弘的建筑立面。

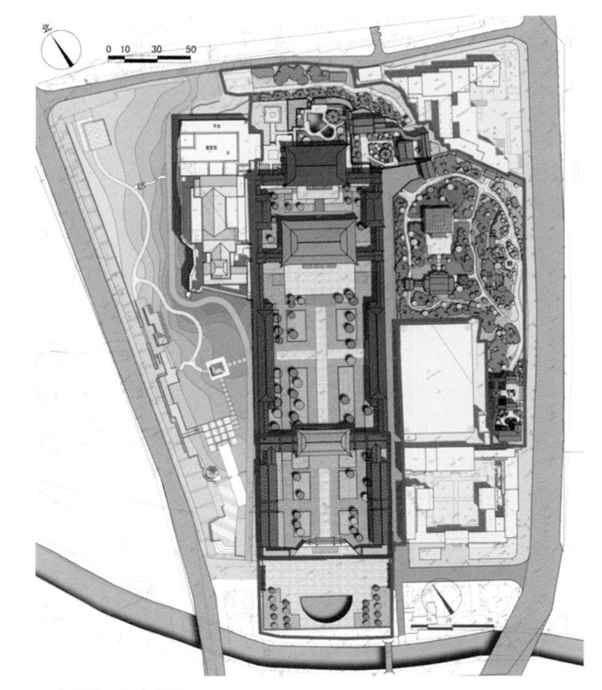

· 区位示意图

· 一进广场整体现状

· 一进广场古玩市场现状

· 改造后效果图

二进广场

二进广场作为整个朝天宫的核心区域，是古代祭祀活动的主要场所，大成殿巍然屹立在中轴线上，两侧厢房和绿地景观对称展开，气势恢弘。

目前的大成殿正在整修之中，此次综合整治后将与整修后的大成殿相应成彩。

整个古建区的三个广场都是存在相似的问题，下层植被过于杂乱，整形绿篱围合不仅阻碍观瞻视线，同时也和古建区的定位不相符。局部种植坛中的绿化植物由于缺乏管护和配置不当，显得杂乱破败。需对其精心配植。

东西厢房现作为展览空间，空调外机等设施对其建筑立面产生了一定的负面影响，此次综合整治需对其进行整改。

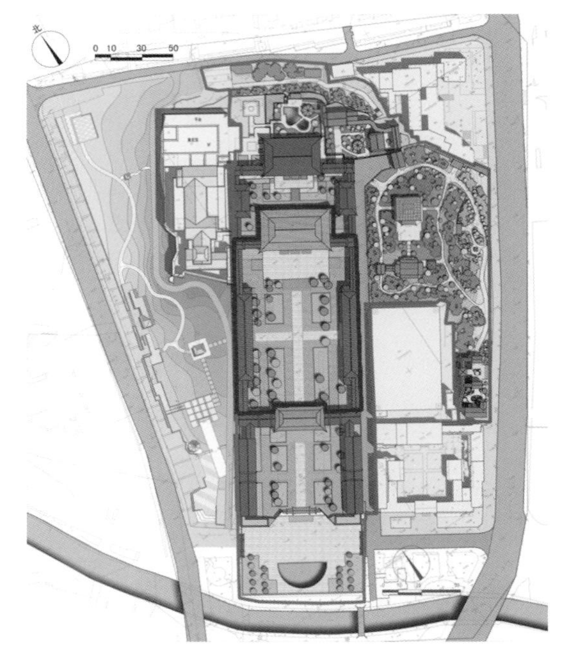

· 区位示意图

· 修整中的大成殿

· 两侧厢房现状

· 二进广场绿地和铺装现状

· 改造后效果图

敬一亭和御碑亭

1. 敬一亭　2. 御碑亭　3. 飞云阁　4. 明清古建　5. 连廊
6. 水池　7. 台地景观　8. 对外出入口　9. 通向古建出入口
10. 通向后勤出入口　11. 水泵房

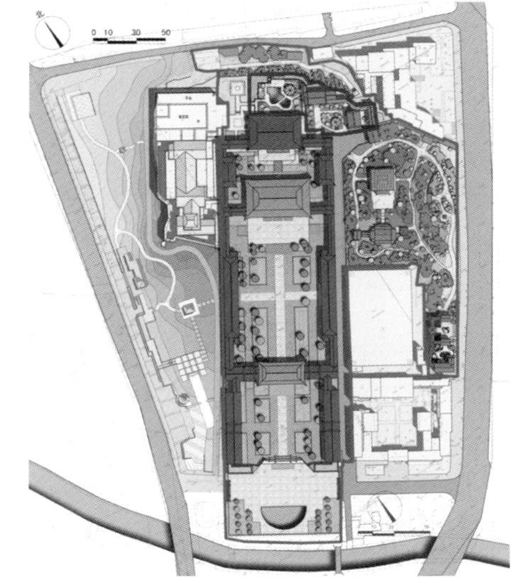

· 区位示意图

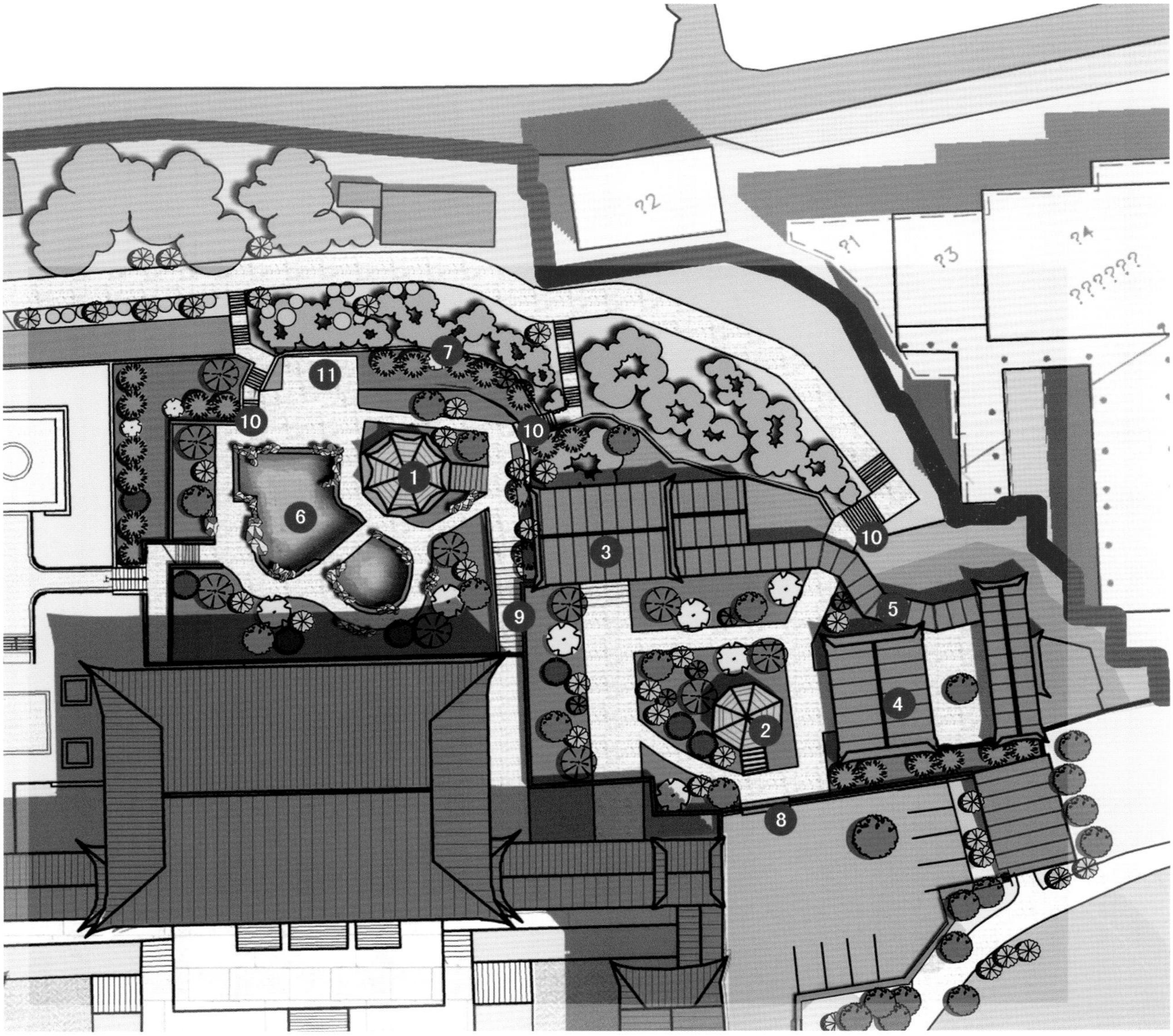

· 敬一亭和御碑亭总平面图

敬一亭现状

敬一亭位于整个古建区的最北端，与博物馆新馆、御碑亭和后场区相衔接，是明代金陵四十八景之中的“冶城西峙”。

敬一亭作为整个景区地形的制高点，是皇家风格的景亭，因此我们将其周边景观定位为古典园林风格，从而进行改造和出新。

现有的消防水池为直壁式混凝土驳岸，显得僵硬，与整个景区的风格难以协调。方案一：对其进行驳岸改造，运用湖石，水生和岩生植物，对其进行软化，使其转变为古典自然式的园林小水景。方案二：对现有池壁进行贴面装饰。

更换现状的混凝土预置块铺装，采用古典的园林铺装材料。对林下植被进行更换和补植，并补种草坪。

由于敬一亭景区和朝天宫后场相衔接，对其产生负面影响，需设置围墙进行一定的围挡，并保持整个景区的完整性。

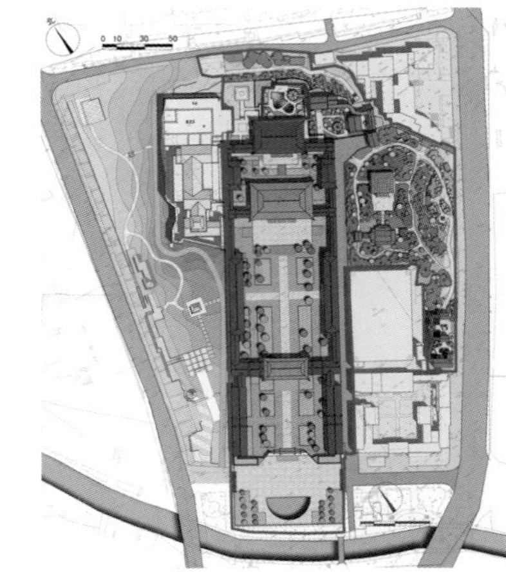

· 敬一亭区位图

· 敬一亭

· 敬一亭改造后效果图

方案修改

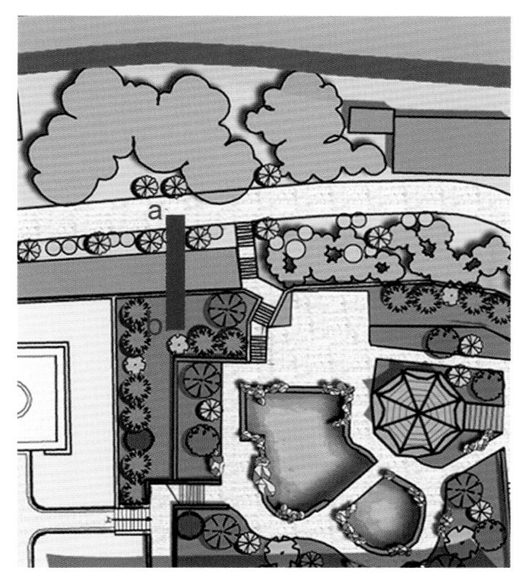

· 剖面位置图

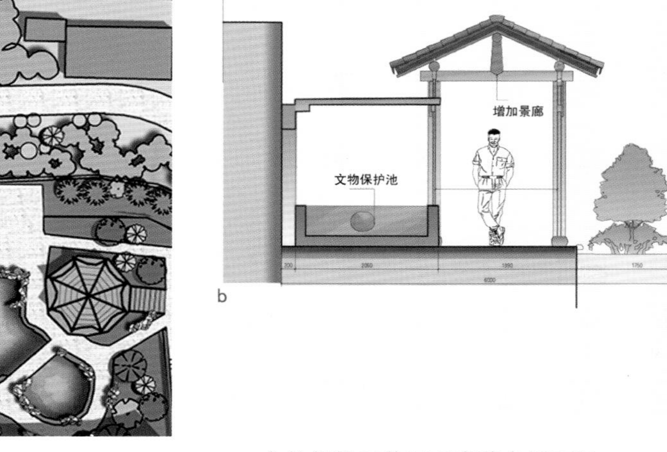

· 文物保护工艺景观廊节点剖面图

敬一亭和御碑亭

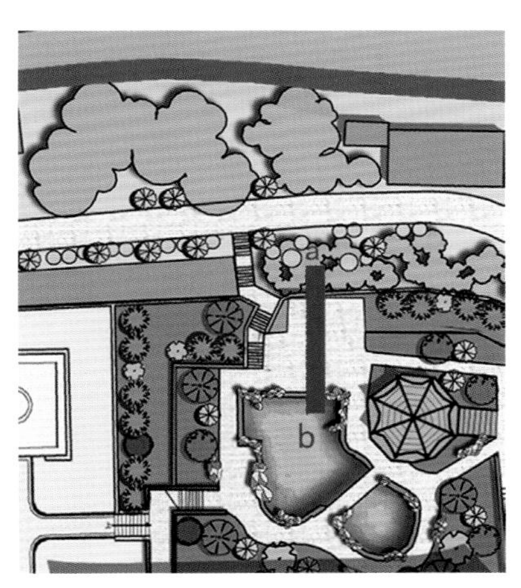

· 剖面位置图

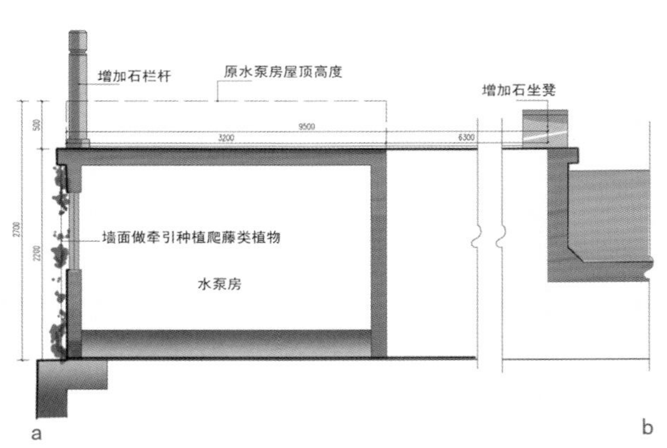

· 水泵房改造剖面示意图

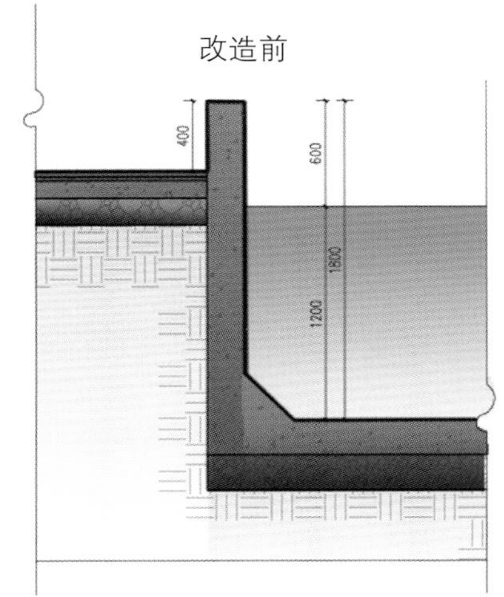

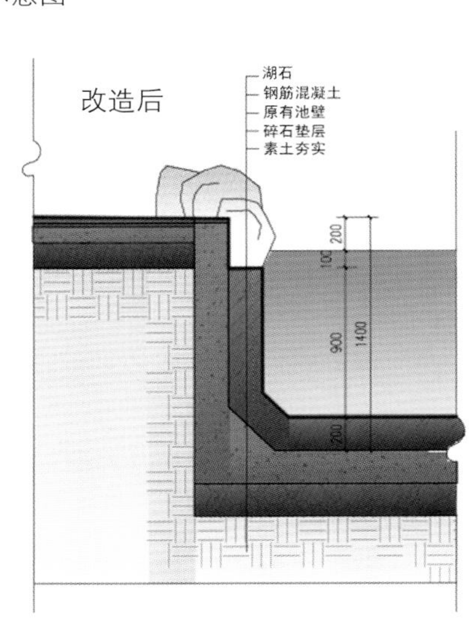

· 水池驳岸改造示意图

修缮篇

御碑亭现状

御碑亭位于整个古建区的东北角，是衔接古建区和六朝园的关键区域，并和敬一亭景园连通。

御碑亭景园现有古建筑御碑亭，飞云阁和一栋明清时古建。景区与古建区采用景墙隔离，有门洞沟通，形成了一个较为独立的小景园。

整个景园散置少量湖石，古树名木高大挺拔，但其下层植被采用了整形绿篱，未能体现中国古典园林的自然美和深远意境，需对其整治提升，重新配置。现状铺装较为残破，需要对其进行改造和修补。

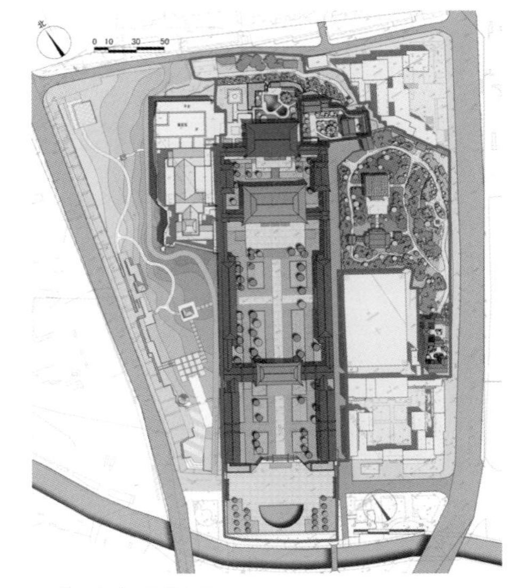

· 御碑亭区位图

· 御碑亭

· 御碑亭现状绿化和铺装

· 御碑亭改造后效果图

六朝文化园总平面图

1. 王府大街出入口　2. 南朝石刻展区　3. 办公接待区　4. 南朝井亭
5. 竹林七贤石刻区　6. 明代琉璃窑　7. 安乐园出入口　8. 茶座　9. 冶城阁
10. 厕所　11. 通向古建区出入口　12. 主要园路

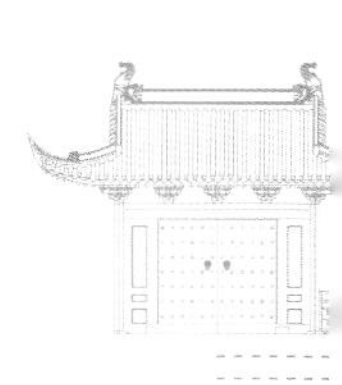

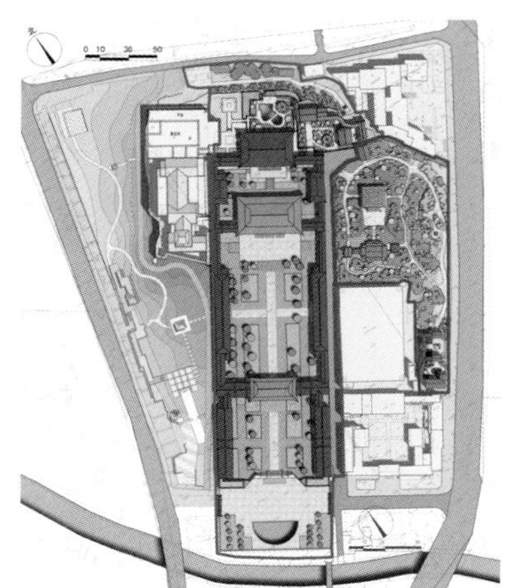

· 区位示意图

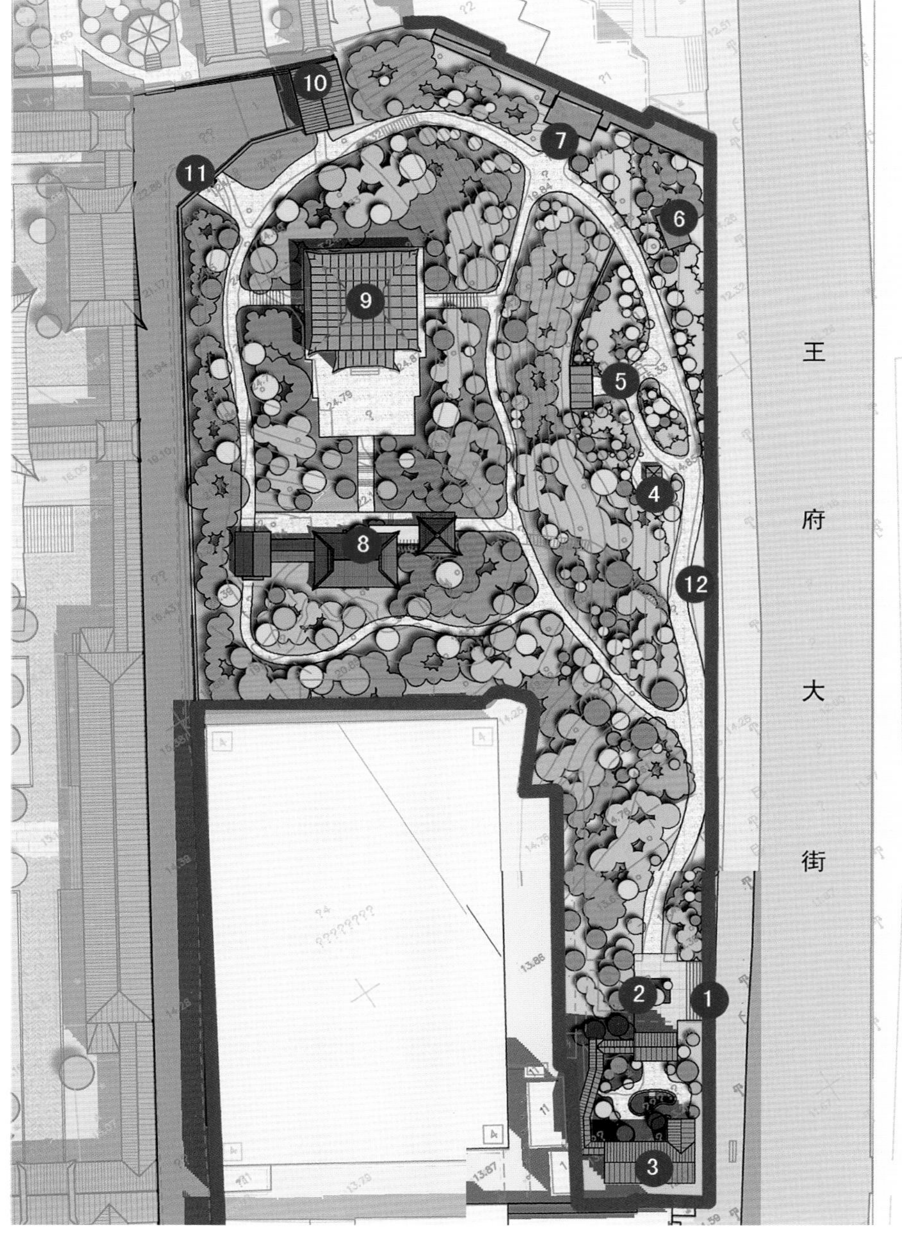

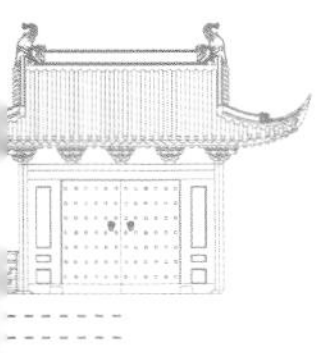

六朝文化园鸟瞰图

六朝文化园分析图

景区分布图
- 入口处景区
- 竹林七贤景区
- 冶城阁景区

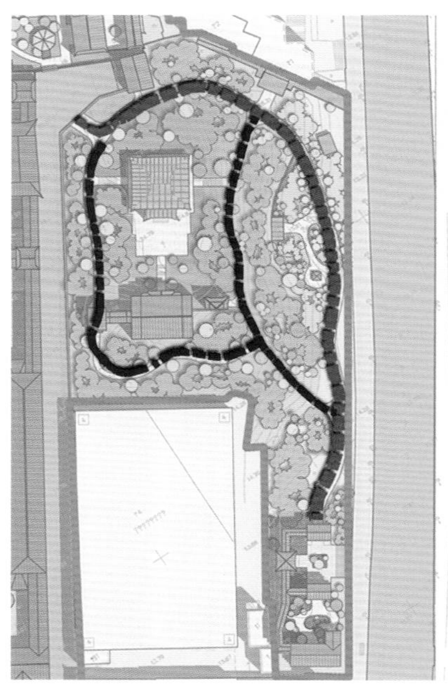

道路系统图
- 主要道路
- 次要道路

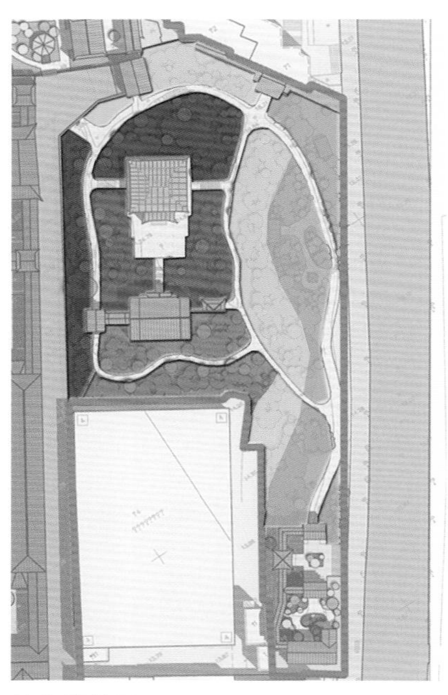

植物种植图
- 以竹林为特色，辅以地被开花植物
- 以乔木、常青树为特色
  点缀四季开花植物
- 以夏花为特色
- 以春花为特色
- 以秋花为特色
- 以乔木、常青树为特色

六朝文化园入口区

六朝园入口区现状为一小型集散广场，及布置在绿地上的几组六朝石刻，植物配置单一，缺乏丰富的植物层次，整体景观风貌显得单薄和萧条。

增设一组石刻展示建筑，便于汇聚人气，建筑形式采用连廊将观景亭与茶座串联起来。

沿游线和半围合而成的开敞空间布置六朝石刻，使得人们在休闲游览的同时，进一步了解六朝文化。

同时对植物层次进行丰富提升，增加开花植物。

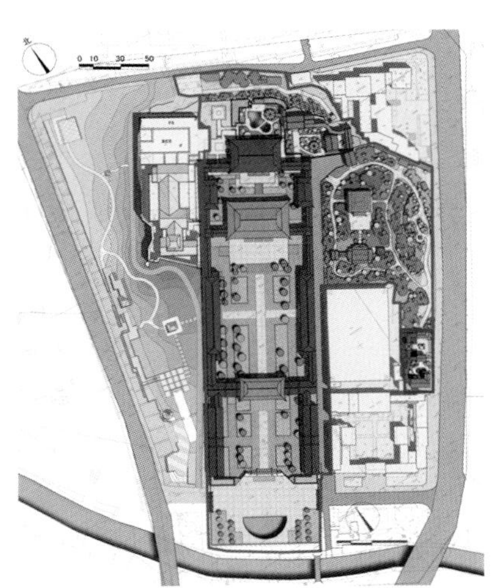

· 区位示意图

· 现状示意图

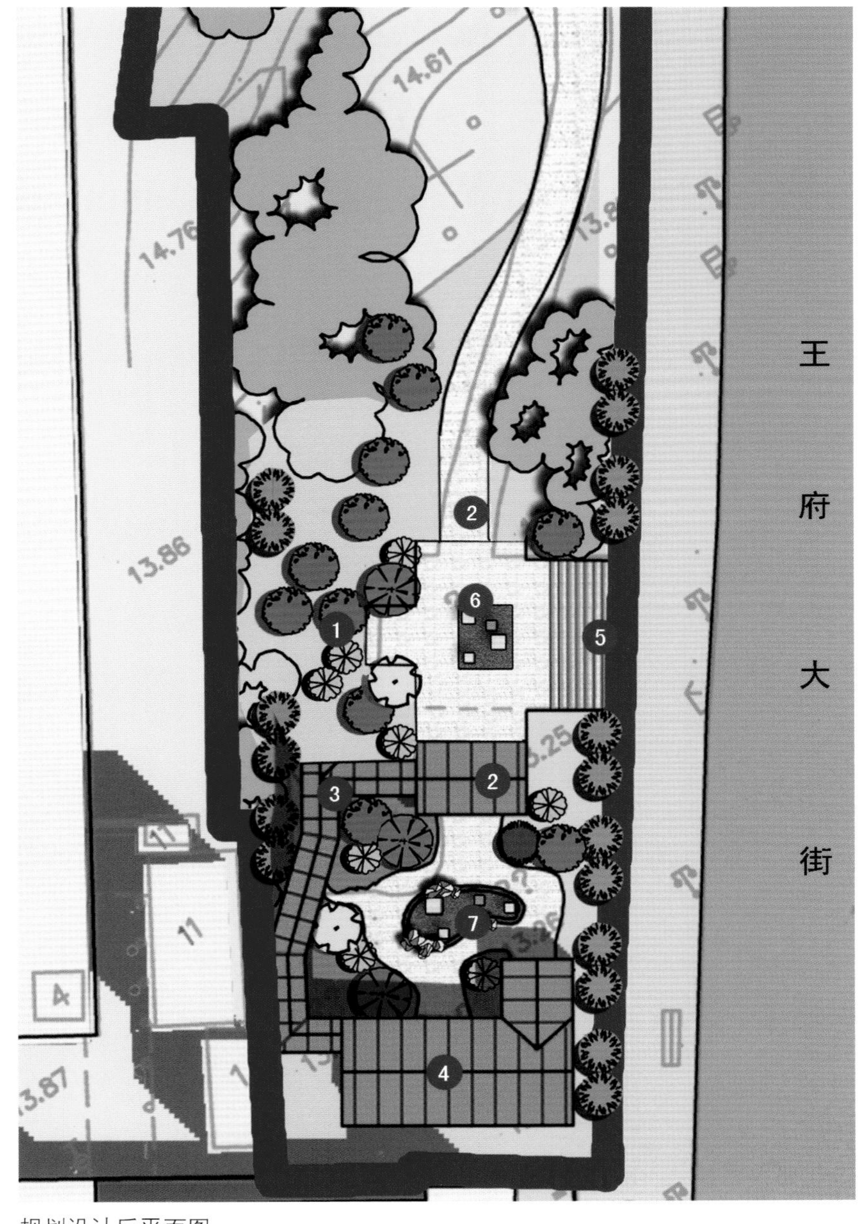

规划设计后平面图

1. 入口景观林　2. 园路　3. 六朝石刻展廊　4. 茶室　5. 六朝园主入口　6. 花坛　7. 六朝石刻展

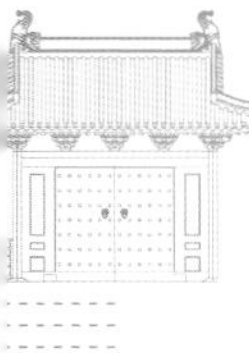

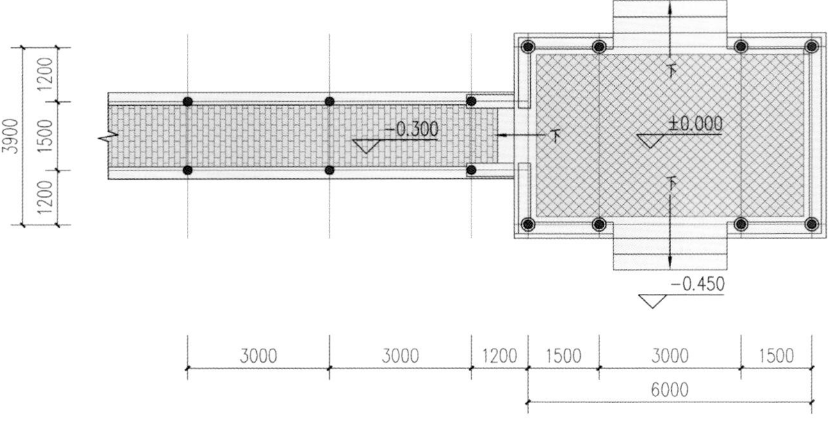

· 观景轩平面图

· 观景轩建筑面积（不包括连廊）：33.05平方米

· 入口处鸟瞰图

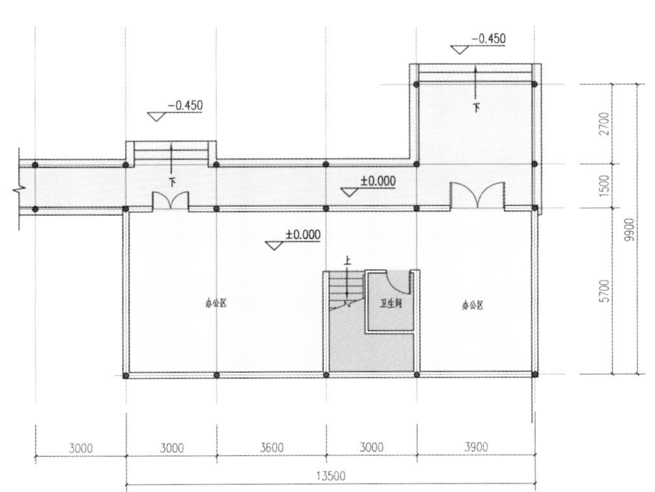

·茶室一层平面图　建筑面积：109.95平方米

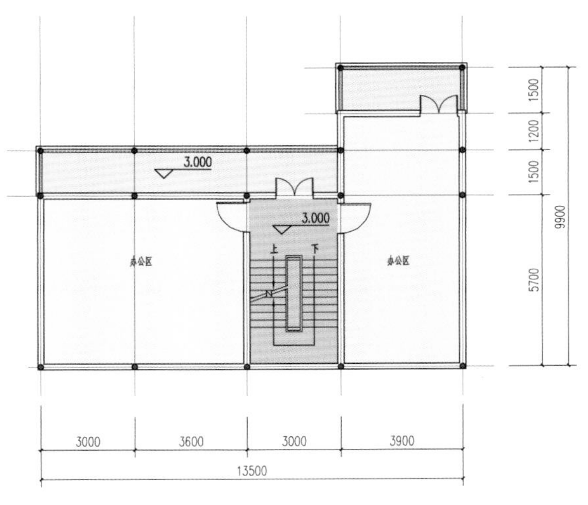

·茶室二层平面图　建筑面积：91.9平方米

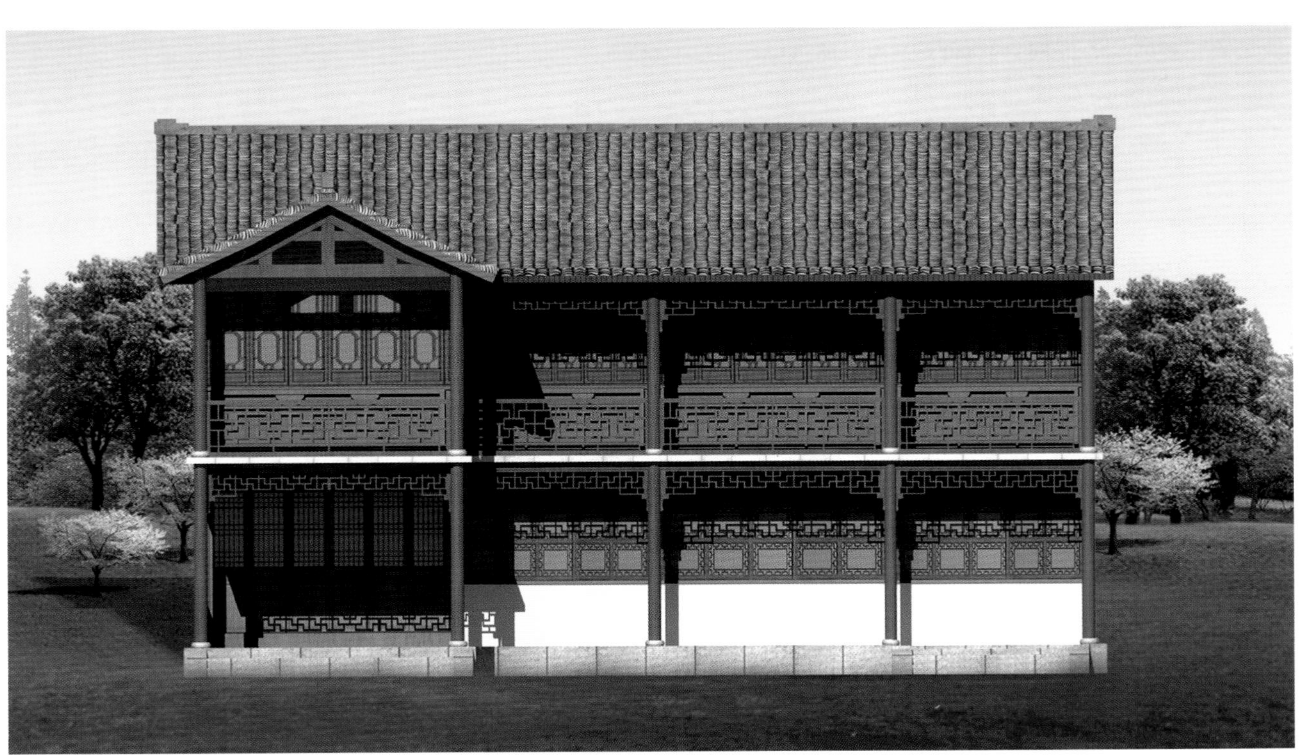

·茶室立面图　总建筑面积：201.85平方米

六朝文化园竹林七贤景区

竹林七贤简介

魏正始年间（240～249年），嵇康、阮籍、山涛、向秀、刘伶、王戎及阮咸七人常聚在竹林之下，肆意酣畅，世谓竹林七贤。竹林七贤的作品基本上继承了建安文学的精神，但由于当时的血腥统治，作家不能直抒胸臆，所以不得不采用比兴、象征、神话等手法，隐晦曲折地表达自己的思想感情。竹林七贤是当时玄学的代表人物也是当时文人的代表。

本景区内石雕，风格粗犷，豪迈不羁，具有较高的观赏价值。

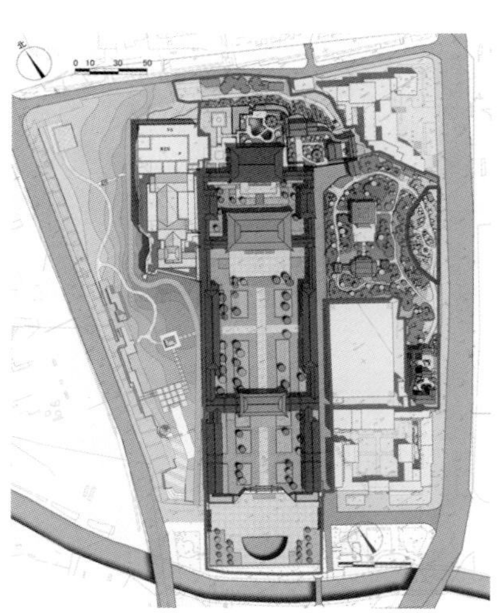

· 区位示意图

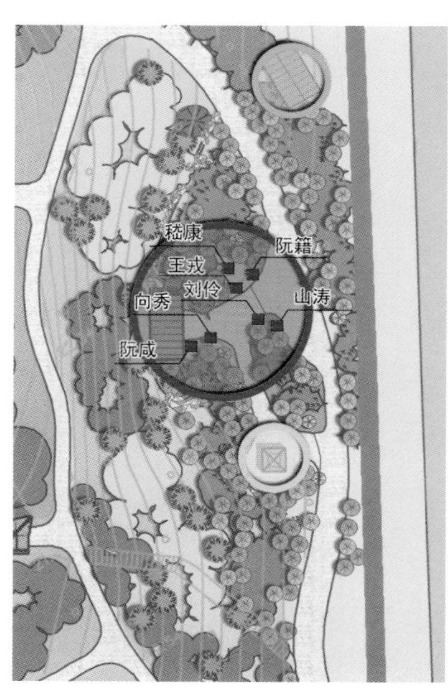

· 竹林七贤景区景点分布图
■ 竹林七贤景点
■ 南朝井亭景点
■ 明琉璃窑景点

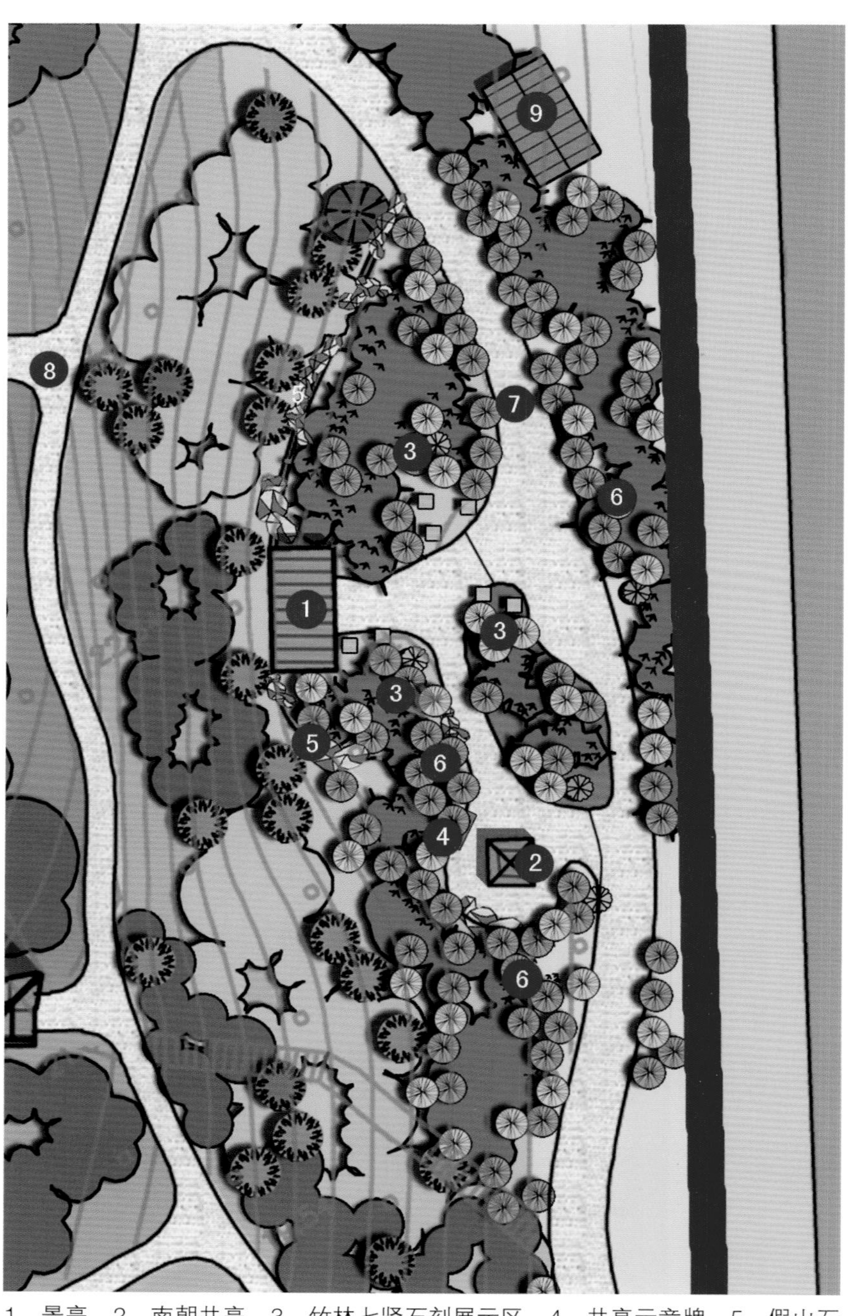

1. 景亭 2. 南朝井亭 3. 竹林七贤石刻展示区 4. 井亭示意牌 5. 假山石状挡土墙 6. 竹林 7. 六朝园主要园路 8. 六朝园次要园路 9. 明代琉璃窑

竹林七贤景区位于冶城阁东侧，景区内包含以下几个内容：休闲竹亭、六朝井、明代琉璃窑、七贤雕塑。

休闲竹亭：建筑形制良好，与地形结合较好。但屋面已有破损现象，亟待整修。

六朝井：现未能形成景点。需对其进行整修，结合周边和道路适当增加硬质铺装和井亭。

七贤雕塑：雕塑形态具有浓烈的艺术气息，但现状分布过于零散。考虑将其组合布置，具有一定的观赏性和故事性。

植物：现状竹林未能形成幽闭的竹林氛围，建议从质和量上对其进行整治提升，丰富其种类，增加其数量，以待形成优美的竹林意境。

· 竹林七贤现状

· 竹林七贤改造后效果图

· 南朝井亭改造后效果图

六朝文化园冶城阁景区

冶城阁景区位于六朝园的中部，包含冶城阁和曲水流觞两个景点。

冶城阁作为六朝园的制高点，由于地基不稳现为危房，闲置中。此次整治将对其加固和改造，以满足功能需求。

曲水流觞景点由于位于南京博物院库房上方，未能引水形成水景，故形同虚设，且该区域植被长势较差，整体景观风貌不佳。可结合冶城阁，适当设置供休闲用的亭廊，既丰富了景观层次，又为人们提供了休闲休憩的场所。

现状植物景观性不强，可片状种植开花灌木和地被，结合现有的山坡带状展开，形成山花烂漫之感。

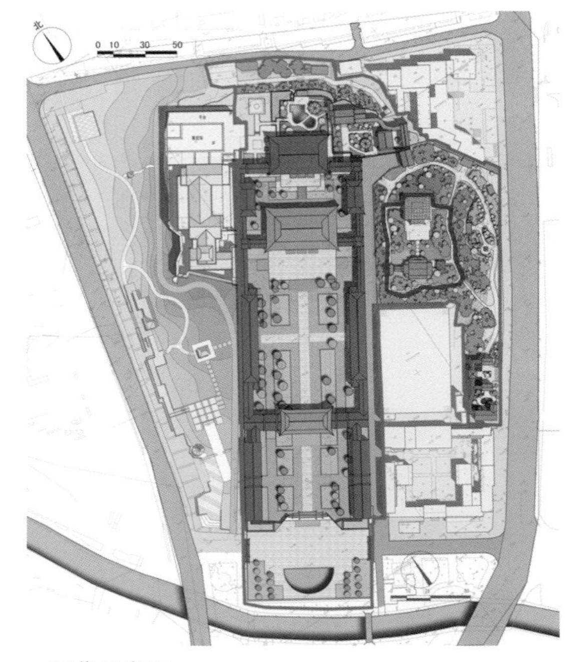

· 区位示意图

· 冶城阁

· 曲水流觞

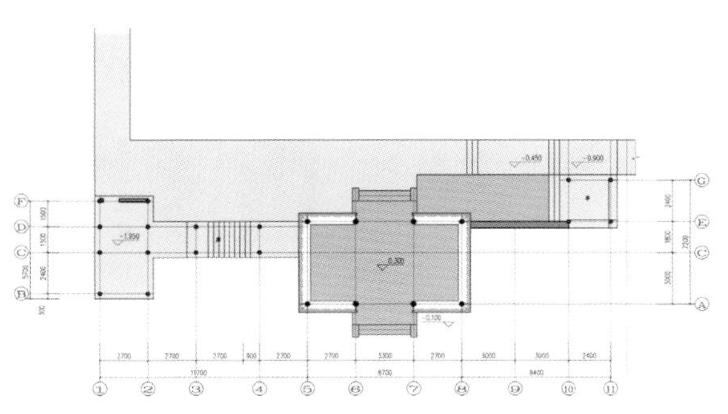

· 一层平面图

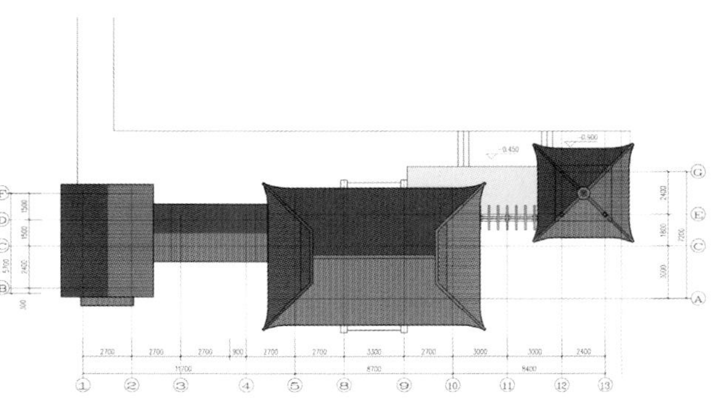

· 屋顶平面图

· 轩正立面图　总建筑面积：91.30平方米

· 轩效果图

六朝文化园与安乐园交接处

现状总结

此处是本次整治的重点区域。本区与安乐园后场毗邻，安乐园后场的脏乱在六朝园内看得清清楚楚，必然对六朝园景观和环境都带来了重大影响。

但是由于此处地形特殊，也给绿化遮挡带来了很大难度。

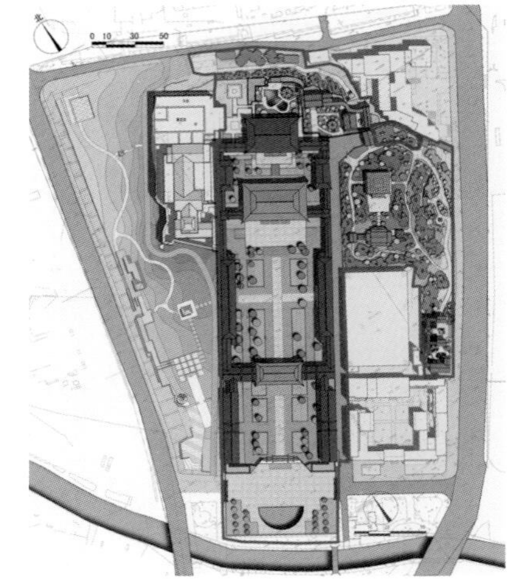

· 区位示意图

改造方式

本区是竹林过渡的地区因此继续采用竹子作为这里的主要植物，同时增加花灌木和草木花卉，丰富植物的层次感和色彩。尽最大努力将安乐园造成的不良影响降到最低。

· 现状示意

· 改造后效果

六朝文化园植被改造

植物现状总结

1.高大乔木业已成形，枝繁叶茂，迁移困难。

2.中层植物种类繁杂，其中不乏与整体环境基调不符的棕榈。

3.地被植物缺乏，多数草坪已被人践踏不复踪影。

4.竹林主题林，缺乏规模，不成气候。

5.王府大街沿路被茂密的植物围挡，从路上无法窥见六朝园真容。

・植物现状示意

植物改造建议

1.保留现有高大乔木，对枝叶繁乱的可以稍作整理。

2.移除六朝园内所有与环境不符的植物如棕榈等。

3.丰富花灌木、宿根花卉，在丰富了整个景区内植物色彩的同时，也提升了人们 休闲的环境。

4.竹林内增添竹子种类，采用刚竹、金镶玉竹等竹子，移除不符合幽静竹林情境的竹子。

5.疏朗王府大街沿街处灌木，同时增添花灌木，让人们从六朝园外就能感到园内植物丰富的色彩。

景墙改造一

冶山道院路和办公接待区之间的围墙现状为简易铁制栏轩，此次综合整治考虑将其更换为具有六朝风格的景观围墙。

景墙采用灰色瓦，白墙，石材贴面挡墙。方形长漏窗上设置具有六朝风格的斜置灰色方柱。

·冶山道院路围墙改造后立面效果图

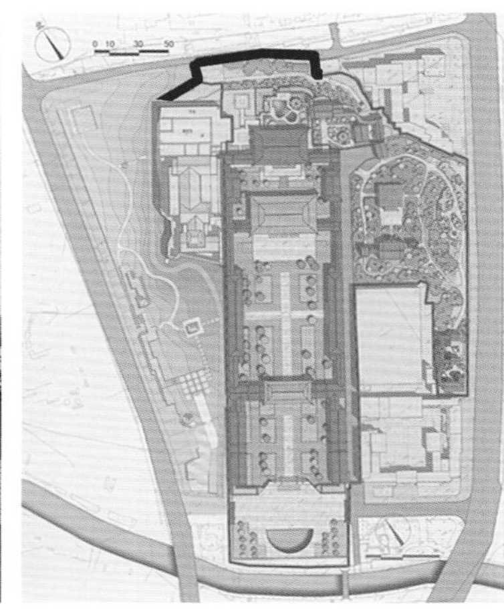

·区位示意图

景墙改造二

改段围墙为六朝园的西侧边界，与古建筑区相隔于一条消防通道。

现状围墙为石块挡墙上做混凝土仿木栏轩。即未能与六朝园冶城阁景区的风格相映衬，同时又未能与明朝宫墙形成匹配的对景，故对其考虑改造和提档升级。

采用六朝园王府大街一侧的围墙形式对其进行更新。

·现状示意

·六朝园王府大街处栏杆形制

·改造后示意效果图

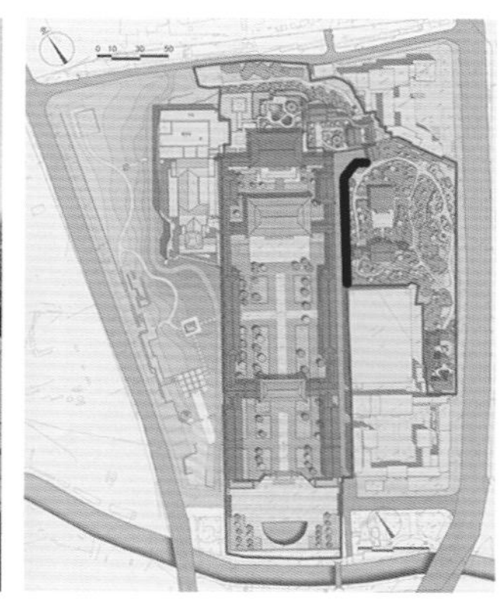

·区位示意图

路面铺装

主要通道：对于现状的主要通道进行铺装改造，设置景观墙。

· 铺装意向

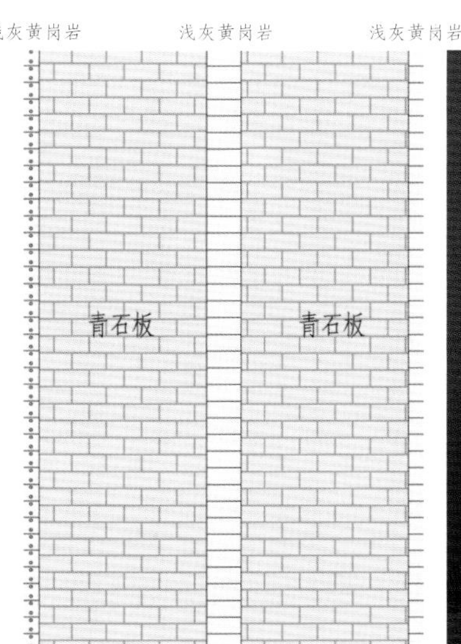

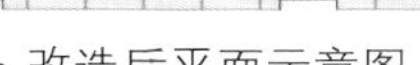

· 改造后平面示意图

· 改造后效果示意图

挡土墙改造

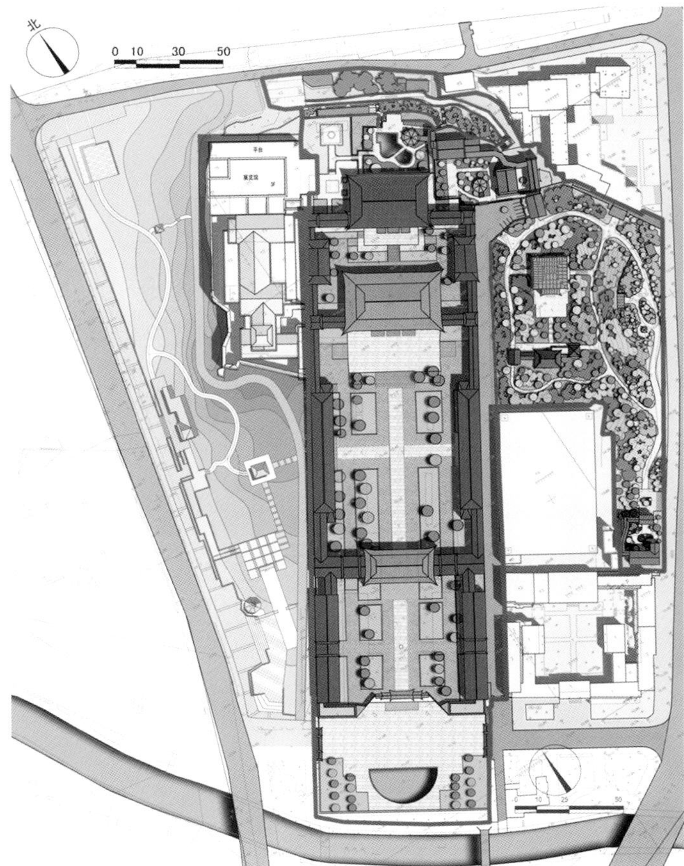

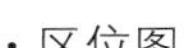

· 区位图

· 挡土墙现状

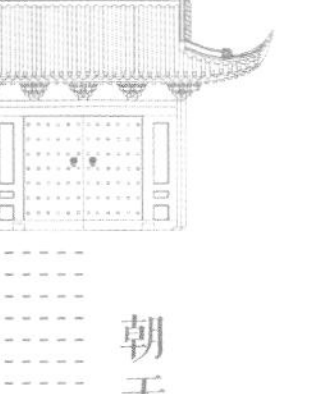

文物展示

12组增加的展示文物

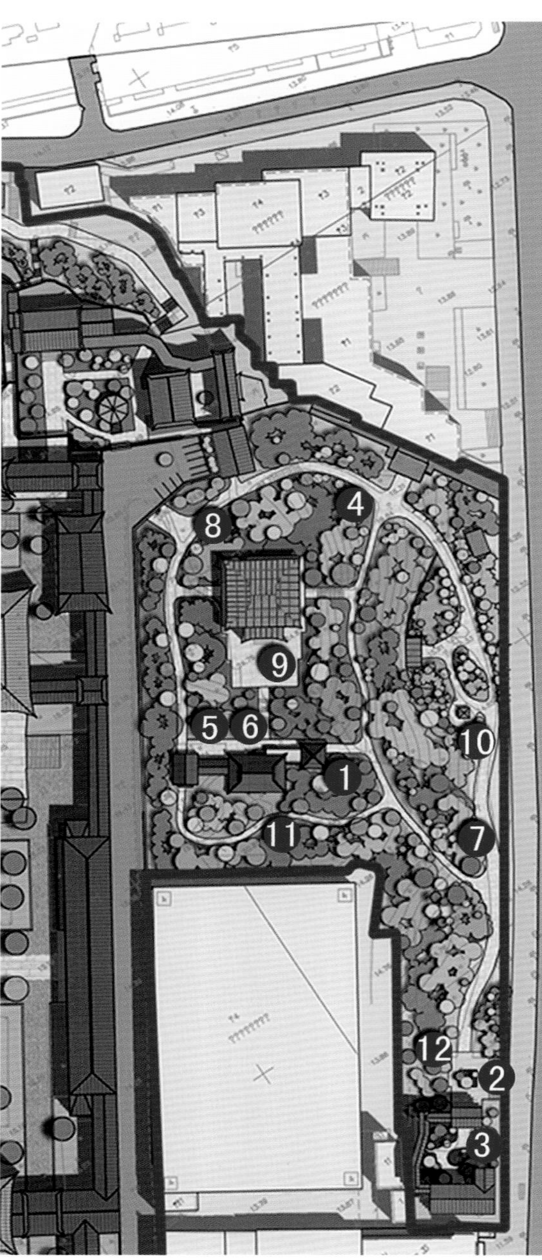
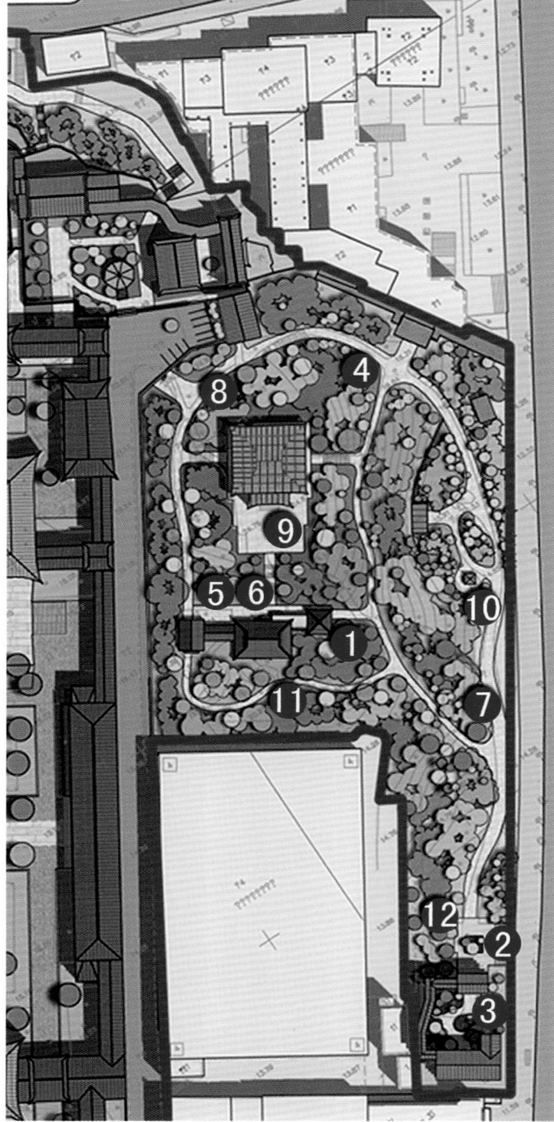

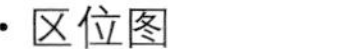

· 区位图

· 铜水闸

· 石羊

· 香炉

· 凤纹石刻

· 石构件

· 石虎

· 井栏

· 花池

· 花钵

· 龙纹石刻

· 华表

· 六朝砖

石羊、六朝砖

·效果示意图　石羊110x40厘米,高80厘米

铜水闸

·效果示意图　150x150厘米,高30厘米

花钵

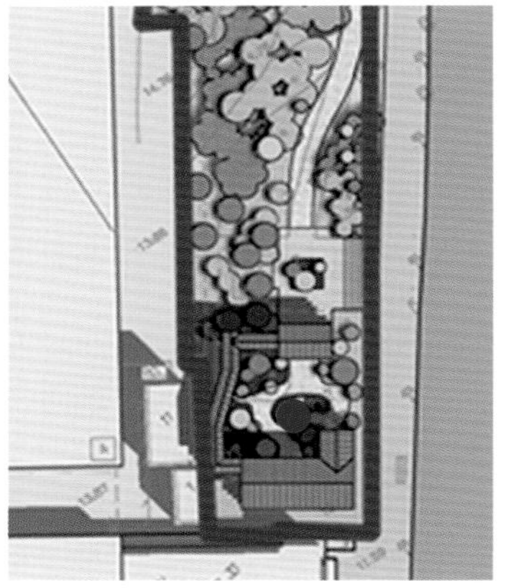

· 区位示意图

· 花钵直径90厘米

· 将花钵放置于建筑围合而成的茶室庭院，显得古朴雅致。

华表

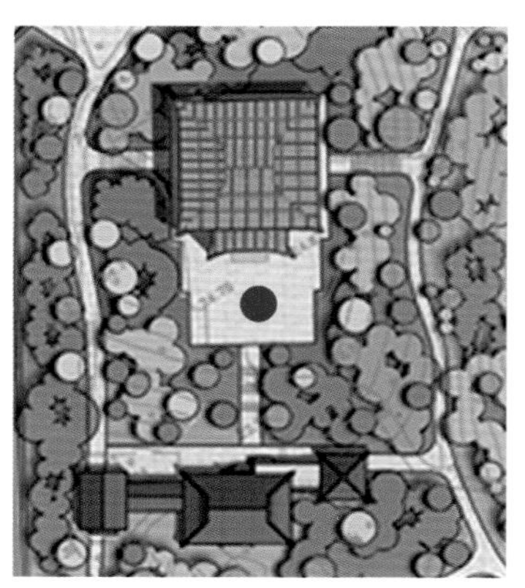

· 区位示意图

· 效果示意图　华表高175厘米,直径33厘米

华表为古代宫殿、陵墓等大型建筑物前面装饰用的石柱，因此把这组文物放置在冶城阁入口广场处，并形成一个展示的小节点。博物馆现收集的华表有两件，后期如有发现可继续增加，以期形成一个小规模的华表柱阵。

井廊

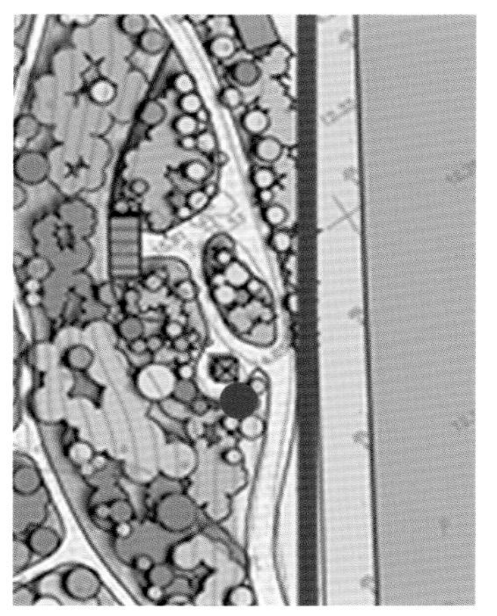

・区位示意图

・将井栏结合现有的六朝井景点放置，并设置井亭。

投资估算

投资估算				
名称	分区	工程量	单价（元）	总价（万元）
绿地清理	古建区	6013m²	30	18
	接待区	1800m²	30	5.4
	六朝园	7000m²	30	21
绿地提升	古建区	6013m²	120	72.1
	接待区	1800m²	120	21.6
	六朝园	7000m²	120	84
铺装改造	馆区	865m²	220	19
	接待区	1088m²	220	23.9
	六朝园	3383m²	300	101.5
围墙改造	接待区	150m	1500	22.5
	六朝园	180m	1800	32.4
建筑	冶城阁改造	1274m²		100
	景观小桥	7m		10
	泵房及水池改造	232m²		30
	入口茶室	288m²	3000	86.4
	轩	91m²	3200	29.1
	井亭	11m²	3000	3.3
	文物保护展示廊	33m²	4000	13.2
挡土墙改造		420m	600	25.2
12组文物	出库、运输、安放、保护。		5万一组	60
设施小品				20
景观给排水（含喷灌）				50
景观强弱电				80
小计	928.6			
设计费	4.50%			41.7
监理费	2%			18.5
概算审计费	0.50%			4.6
质检费	0.50%			4.6
管理费	3%			27.8
不可预计费用	3%			27.8
合计				1053.6

环境配套整治设计由南京市园林设计院有限责任公司承担，该设计获得2013年度南京市优秀工程设计一等奖，2013年度江苏省优秀勘察设计二等奖。该方案主要参与人员朱道萸、李凌霄、陈阿雄、崔灿、张娅、邵俊昌、孙琦、金艳燕等。

冶山苑囿修缮志略

王　涛　吴国瑛

朝天宫坐落于冶山南麓，运渎之北，负阴抱阳，三面环山,有着得天独厚的自然地理优势，更因历代多有修造名楼佳构，遂成为古迹名胜之地。虽由“一座朝天宫，半部南都史”之美谈而享誉四海，但终因年久失修，损毁严重，被风漏雨，屋瓦残破，堂庑陊剥，椽木腐朽，梁角脱卸。有鉴于此，自2008年，在市、局相关领导的关心下，我馆调遣人员，配合专家，不惜巨资，经年累月，于2010年国庆前夕，完成朝天宫古建筑维修及古典园林整治的全部工作。修缮之后的冶山，内庭外园，相映成趣，楼台亭阁，错落有致，鸟语花香，引人入胜。今将此次修缮过程中古典园林整治的相关情况聊做介绍，疏漏乖舛之处，还望方家见谅！

· 朝天宫全景图

概述

“殿后春旗簇仗，楼前御队穿花，一片红云闹处，外人遥认官家。”宋人赵德麟《侯鲭录》中这首开元乐词。描写的虽不是朝天宫，但用于冶山，其前殿后苑，朱户重楼，前后布置，高低错落，叠山凿池，植杏修竹，嘉花珍木，别幽胜景，却也极为恰当。

1. 园林区与宫殿区的关系

朝天宫，乃接待朝拜之所，为法度所限，须用均齐之格局。故屋宇比邻，以表庄重；宫殿庙堂，气象严肃。而宫墙外之苑囿别馆，则助心意之抒发，极观览之变化，尽错综之美，穷技巧之变，纯任自然，轶出于整齐划一之外。冶山之上既有宫殿，也有园林，“宫”对外，“苑”对内，两者相互结合，互为表里，若即若离，相得益彰，组成富有“诗情画意”景色的古典建筑。

园林区环境优美，作尊养、燕憩、读书、园游、观赏之所。故园区中布置以各种园林性构筑、山石、水面、绿化为主。经过精心安排：各进空间，时闭时畅，曲直相间；各处建筑，参差错落，大小相衬，虚实对比，形式各异。虽处地有所局限，然而变化甚多，于谨严、呆板的禁宫建筑之旁，尤其显得幽曲、活泼。

2. 依山而成的特色

冶山之园，以山为主，林木苍郁，小径曲折，亭阁林池，幽畅咸集。正应了《太平山水图画》中那句：“园地惟山林最佳，有高有凹，有曲有深，有峻有悬，有平有坦，自成天然之趣，不烦人事之工。杂树参天，楼阁碍云霞而出没；繁花覆地，亭台突池沼而参差。”

曾经的冶山宫苑“宫观犹盛,连房栉比”，历朝历代亦多有修缮。近些年来的朝天宫，虽整体面貌无大改变，但细审之多有残破。尤其是早年的亮化政策，及2008年初的大雪，使许多建筑更加岌岌可危，再不堪风剥雨蚀。

此次整治修缮，项目庞大，内容繁多，依地势之高下，建筑之各异，或修葺诸景，或旧园翻新，或故地重建，或复考旧名，各有名目，不一而同。旨在使修缮后的宫苑既兼具明清皇室贵胄之遗风，又彰显江南婉约明丽之特色。

3. 三大区域划分

冶山的园林，可以根据风貌之不同，划分为三个区域：有的粗犷，有的细腻，有的雄伟，有的秀丽，给人以不同的感受。且，各区景色之间互相衬映，似断非断，似连非连，构图精美，别有情趣。

东山园林区位于冶山东麓，府学之北，除了早几年新添的几处景致外，漫山林木，多原生态，故此区之修缮当以新建为主；清代园林区位于崇圣殿以东，有一组晚清的亭阁楼廊，建筑风格，自成一体，别具特色，故此区之修缮旨在保存旧貌、延年益寿；冶山之巅，亭池卉木，高筑四望，秀色遥遥，虽地不甚广，而意境高远，故此区之修缮属于旧园翻造、细部出新。

东山园林

东山园林位于朝天宫中轴线以东，为冶山范围内植被最为繁茂者。该处除冶城阁、竹林七贤、曲水流觞等几处景点外，其余均为原始的山林形态，密林深处，灌木丛生。此次整治，对该区域做了比较大的改动。如：保留并微调竹林七贤的景点；将原三层高冶城阁改降为一层的冶心亭，并将曲水流觞改作静心轩以呼应之；原来散放碑刻的区域改建成一座新的仿古院落。

如此设计后，从总体布局观之，园林区依山而筑，布置适宜，分聚组织，层次多而不紊，建筑变而不乱。借助陡坡筑台，以沁心亭镇住全山园林，各处建筑主次分明，彼此衬托，远眺俯览，相互因借，使全园成为有机统一的整体。

・东山园林旧貌

・东山园林修缮

・东山园林新颜

1. 沁心楼小园

此地原本为放置部分残损石刻之所在，面积不大，坪广半亩，平阔如坻。经过巧妙地构筑，别成一园，粉墙黛瓦，圆门洞开，曲廊环列，闲庭信步，但见湖石掇山，引水流泉，枯木盘根，老树新花，聚水成池，修鳞衔尾。以小见大，疏朗明快，不觉丝毫之局促，真好一个所在！实难

· 沁心楼小园新颜

· 原石刻散放地

· 沁心楼小园建设

想见当年了无生气之状，更不得不佩服匠作独运之思。

园中砌凿小片池沼，以池水作景，铺桥架石，一步可跨，亦有几块湖石，散置池中，以为点缀。临水观鱼，但见锦鲤三五成群，围绕浮萍聚散，历历可数。不觉吟出石涛《题卓然庐图》：中“莫谓此中天地小，别有寻思不在鱼”的诗句。

游廊中保留有“光绪二十年岁在甲午之冬”所造立的石碑一通，碑面均为小楷，字迹依稀可辨。小楼北向，门额正中，一块黑底金字的匾额赫然在目，上书“欣然有得”，颇有古意。细究起来，此文乃是清代康熙皇帝南巡时,特为朝天宫所题写。时过境迁，物是人非，不晓得圣祖当年所“得”究竟为何？登斯楼上，开启北窗，清风入怀，几忘六月。引首北向，东山园林，尽收眼底。而山顶之亭阁，亦遥遥在望矣！

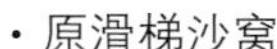

· 原滑梯沙窝

· 原曲水流觞

· 静心轩建设

· 静心轩新颜

2. 静心轩

今日静心轩的位置，为原先“曲水流觞”及滑梯之所在。冶山，虽不是崇山峻岭，却有一番茂林修竹。于是乎仿古人流觞之意，摹右军“曲水流觞”四字于石上。旁置水泥滑梯与细沙一窝，以为孩童嬉戏玩耍之用。若在旁处，倒也无甚大碍。但于冶山之上，宫禁之侧，实在不相匹配。

此次整治，将此处原先格局全部拆除，重新规划。因形势之高下，创架廊轩数楹；随地局之起伏，自成高低之状。此《园冶·兴造论》所谓：“凡造作，必先相地立基，然后定其间进，量其广狭，随曲合方。随基势之高下，体形之端正……宜亭斯亭，宜榭斯榭”是也。

建筑平面，布置灵活，大木作趋简，正脊檩（又称脊桁）为元宝脊，更多的用卷棚屋面（尤其游廊），瓦面低平，不施斗拱，甚至多用小式作法，小木作装修。结构宏敞，制崇简古，不雕不绘，得天然之胜。暗合古人："轩式类车，取轩轩欲举之意，宜置高敞，以助胜则称"的说法。

建成之后的静心轩自成一格，布局奇异，构筑疏朗，高轩迎风，阔畅通拓，于宁静肃穆、素雅风趣的园林气氛中更具屈蟠之势。"轩楹高爽……收四时之烂漫。"（《园冶·园说》）与其北的冶心亭前后呼应，各抱地势，互不相属。聚游、停、坐、思于一体，环视绿云，心旷神怡。是游人玩赏、纳凉之所，亦为观览、休憩之佳处。实为园林中不可少斯之一境界。

3. 冶心亭

翻阅众多史料可知，历史上的冶山，顶多只有过"冶城"、"冶城寺"或"冶城楼"。有迹可查的最早的一部史书为南朝刘义庆编纂的《世说新语》，其《言语卷》有云："王右军与谢太傅共登冶城。谢悠然远想，有高世之志。"

至宋代，建有"冶城楼"，号为"留都绝境"，元代方志中亦有载录。明人陈沂，更在其撰写的《金陵世纪》一书中明确的标注了"冶城楼"的位置："冶城楼，在朝天宫西偏，卞将军墓侧。……嘉定四年重建，接于忠孝堂。"

至明代，《万历上元县志》中也记载："冶城，本吴冶铸之地。晋元帝太兴初，以王导疾久，因戴洋之言，移冶城于石头，以其地为西园。孝武太元中，于城中立冶城寺。安帝元兴三年，以寺为苑，广起楼榭，飞阁复道。道属宫城，今朝天宫在焉。"

至清代《金陵四十八景图考诗咏》，其中"冶城西峙"一景，在朝天宫以东位置也没有描绘"阁"之所在。而从上世纪航拍的《朝天宫俯瞰》的老照片上，清晰可见冶城阁的位置乃为一座二层小楼。经考证是原南京市公安局局长雷绍典（1961-1977在任）的居住之所。由此可知，冶城阁本就以山为名，无有典故，只不过是在此居所之上，原拆原建的一座新的仿古建筑罢了。

· 冶城阁旧貌

· 冶城阁借景

· 冶城阁柱基开裂

冶城阁于2001年完工，仿造六朝建筑风格，为全木结构，三级四面，高近十寻（约21米），雄踞山巅。楼阁崔巍，抱柱流丹，重檐展翼。更可于万仞宫墙内，借景远观，眺览入院。实为不可多得之仿古建筑。虽然在建筑外观的设计上无可非议，但由于原址有地下防空洞，难以承冶城阁之重，建筑立基不稳。故虽营造时间不长，却使得地基沉降，造成柱基开裂，生出许多安全隐患！

・冶心亭建设

此次在如何修缮或改建冶城阁的问题上，经领导与专家及施工方多次商讨，煞费苦心。先后否定了诸如“外三内一”等减轻建筑本体重量的方案，而作出大胆重建的举措，决定将冶城阁推倒重来！不再采用重楼形制，而改建成一层的式样。

为了进一步丰富屋顶的形式，新建后的冶心亭采用了两条屋脊互相垂直交叉（俗称“十字屋脊”）的式样，使之既十分精巧别致，可以与周围建筑相呼应，又形成宫苑内外各处屋顶高低错落、前簇后拥的局面。

非但于外观如此，在细部结构上，如室内窗格简化，以玻璃方窗为主，采光适宜，瞭望方便。同时，隔窗门扇可以拆卸，遇夏季炎热，厅堂可作为敞亭，通风透气，清爽宜人。

・冶心亭新颜

· 竹林七贤景点旧貌

· 竹林七贤景点石雕挪移

· 竹林七贤景点新颜

4. 竹庐石雕

“竹林七贤”之景，为早年营造，居于冶山之坳，爰相面势，编竹架木，棚庐一间。配以石雕七尊，形态各异，偃仰啸傲，萧散精神。此次整治，竹庐翻新，路径重设，石雕挪移，然后于地局周围遍种竹，厥类不一，营造出“竹坞寻幽，醉心即是”的意境。

修造之后的“竹林七贤”景点，采用抑景的手法，幽篁夹道，修竹弄影，层次深远，构成了房屋与石雕若隐若现之感。沿山路步入其间，但见七贤石雕，或伟石迎人，或醉卧幽篁，或啸聚山林，或神采森然。

往事越千年，名士风流已被雨打风吹去，于风篁成韵之境，临潇洒龙章之姿，作山阴放浪之思。三五好友，相携入林，谈玄清议，把酒言欢，该是何等的恣情快意！徒使人生出许多“虽不能至而心向往之”的感慨。

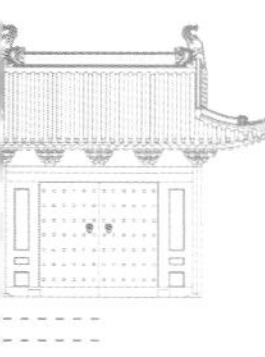

苑中套园

御碑亭院落本是一处依附于园林的清代小院，打破中轴对称的格局，亭堂楼阁，参差有致，沿山缀以长廊，极饶情趣，曲径通幽，居室随地势而变化，楼阁因山形以俯仰。

园中诸建筑历史悠久，且极富人文气息，而园中又有套园，别具一格，佳景无限，正应了《清代园林图录》那句："万树攒绿，丹楼如霞，谓之画境可，谓之诗境亦可。而诗与画逊真境远矣。"

此次整治，重点是将园中损毁朽坏的建筑以及构件加以修缮，并重做地铺，修裁花木。除加盖园墙，拆去早年"冶山茶社"紫砂壶等布景外，基本格局未作丝毫之改动。

修整一新的院落，花石辅地，石磴夹道，翠竹苍梧，交荫于庭，圆门漏窗，乍泄春光。再以红枫、青藤、石雕诸物点缀，棋布其间，形成了雅致幽静的小园景物，心随境转，步移景迁。

·院墙新颜

·院墙本无

·院墙加盖

·套园修缮中

·套园新颜

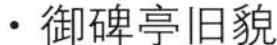

· 御碑亭旧貌

· 乾隆御笔

1. 御碑亭

御碑亭八角攒尖，位于崇圣殿东，飞云阁前。因供奉乾隆皇帝御题诗句的石碑而得名。史载，乾隆皇帝曾效仿圣祖康熙南巡，先后六下江南,并于乾隆二十二年（1757年）至乾隆四十九年（1784年）五次登临冶山，游览朝天宫，每次都题诗寄兴。

后人便选用上好的花岗岩石材，将五首御题，聚于一碑，以示高瞻。此碑由碑座、碑身、碑额三部分组成，通高3.28米，碑身宽0.64米（合二周尺），厚0.23米（合一周尺）。于今已有二百余年，虽饱经风霜，备受摧折，但依然完好无损，为全国之内，绝无仅有。

乾隆皇帝虽非书家，却也极擅笔墨，题字书额，如行云流水，气格高古，风神洒落。细读碑面上诗文“道侣何须问修炼，吾心原不慕神仙”,更觉其直抒胸臆。也许是感叹于冶城故址之荡然，也许是触景于旧城易主新园草成，从而挥毫泼墨，用苏轼韵写下：“玉局风流似紫薇，游吴望蜀远思归。登楼未觉山川美，送雁因怀音信稀。高观当年知宋否，西园今日姓王非。冶城不少留题者，独和坡吟倚素晖。”的诗句。

御碑亭年久失修，顶上之琉璃瓦多有破损，逢

· 御碑亭修缮

· 御碑亭新颜

雨必漏，致使碑额受沁。修缮之后，玲珑精致，檐角起翘，有鸟雀欲跃之感，尤为绝妙。檐口翘如彩凤，高扬翻飞。若风雨天仰视，可见雨水从高翻的翘角檐口飞溅而下，珠溅玉飞，别有一番景象。

亭飞八角，四面开放，粉墙上又隔空打开四扇八角窗。《释名》云："亭者，停也。人所停集也。"于亭中倚栏而坐，或踱步碑前，不经意间，一举首，恰透过开窗看到外面的景色。近前瞧，有精巧湖石，于亭旁花丛树荫下点缀，与卉木组成树石小品；稍远看，云墙与园外楼堂高举的飞檐结合，犹如游龙探首，玉凤鸣天。原本看似无心之做，用于园林亭建，却起到一种框景的妙用。此李渔所谓"尺幅窗，无心画"是也，大有苏轼"坐观万景得天全"之意境。

乾隆御碑，诗赋流风，神韵精彩，将诗书融于画境，携天风而汇华章，借古逸以聚云气，最终成就了一座华贵典雅的宫中花园。

2. 飞云阁

飞云阁，六间两层，楼廊开阔，庭院疏朗，湖石花木散落其间。楼前有清代汉白玉雕刻狮子一对及鱼缸一只，经历文化浩劫，稍有残损。门额正中高悬举人莫友芝于"同治己巳年夏"篆书"飞云阁"匾额。后人曾盛赞此楼："钟阜群峰，窥窗排闼，朝烟霏青，夕霞酿紫，如置几席间，诚奇景也！"

楼侧暗设磴道，登上斯楼，观荷品茗，望云听雨。推窗即见一片景致，睇全园诸景，如在几案间，自有视野开阔，涤荡心扉之感慨。而园外风光亦是极好的借景，风物远眺，正有"不设藩篱，恐风月被他拘束；大开户牖，放江山入我襟怀"的壮美。

今日之飞云阁，为两层砖木结构的硬山式阁楼。考据明代计成所著《园冶》一书，其中《阁山》篇云："阁，皆四敞也，宜于山侧，坦而可上，便于登眺，何必梯之？"其《阁》篇又云："阁者，四阿开四牖。汉有麒麟阁，唐有凌烟阁等，皆是式。"由此可知，飞云阁，在形制上不能

·飞云阁旧貌

·飞云阁修缮

·飞云阁新颜

称"阁"，而应称"楼"。飞云、飞霞、景阳三阁，明代已据此名，朝天宫历经毁劫，今日之建筑为清季所造，只不过因袭旧称，约定俗成罢了。

3. 飞霞阁

飞霞阁敞堂三楹，洁净轩爽，位于飞云阁之

·飞霞阁修缮

·飞霞阁新颜

·景阳阁瓦作

·景阳阁靠壁理山

·景阳阁修缮

东，正面御碑亭，坐东朝西，前亭后园，旁通游廊，阔拓古雅，华堂静谧，气象安然，与其前之御碑亭互相辉映，全然于一种古朴素雅的气氛。

此阁清代曾为校官书处，桌案高椅，为文风荡漾之地。曾有联云："八方烟树齐横郭，四面云山不住楼"。白墙黑柱，方砖铺地，花窗隔扇，竖架横梁，呈现一片祥和气氛。

4. 景阳阁

飞霞阁后，另有套园，屋堂紧凑，格局舒朗，足供吟赏。只有曲廊可通外界，别无他途。《园冶·馆》："馆，可以通别居者。今书房亦称馆。"而《园冶·书房基》进一步阐释到："书房之基，立于园林者，无拘内外，择偏僻处，随便通园，令游人莫知有此。内构斋、馆、房、室，借外景，自然幽雅，深得山林之趣。"

景阳阁地幽境寂，颇类书斋，似为个人清修之地，气聚神合，思接千古。以前文论，景阳之"阁"，似乎称"斋"，更为妥帖。此计无不所谓："斋……惟气藏而致敛，有使人肃然起敬之义。盖藏修密处之地，故式不易敞显"是也。

室外黑瓦白墙，玄素之间，返璞归真。更妙处，在于以墙作纸，借石为绘，靠壁理山，一改原先单调的格局。相石皴纹，仿古人笔意，置凉亭、拱桥、钓翁点缀一二，顿生穿山渡壑之感。其旁更植芭蕉一株，风叶摇摆，翠绿欲滴。

室内素墙雅致，清风满壁，使人神明气爽。向外观之，峭壁山倚墙而立，收之圆窗，宛然镜游。屋中隐有木梯，盘桓而下，别藏幽房邃室，原来又是依山架屋。楼阁参差，缘梯上下，巧制佳构，拍手称奇，令人流连。

冶山之巅

沿磴道步入山顶，又是一园，面积虽不甚

广，却是远眺俯瞰整个冶山苑囿、上下内外景色的一处适宜之所在。使人有舒襟坦怀，顿觉天高气爽之感。园中有花有树，有池有桥，临水构亭，正与《园冶·亭榭基》中："花间隐榭，水际安亭。……亭安有式，基立无凭。"的制式暗合。无论是从水池边隔岸观景，还是在亭中俯瞰水面，水池都与亭台组成了一对绝佳的对景构图。更借来各处远景，既扩大了整个苑囿的视觉空间，又可以饱览苑内全景，怎不心旷神怡？

1. 敬一亭

自明代嘉靖朝始，于殿后设立亭子，成为文庙的一种规制。据《明史》记载，明世宗朱厚熜曾撰写过一篇旨在自修的箴言，其文简约，四字成韵，如"人有此心，万里咸具。体而行之，惟德是据。敬焉一焉，所当先务。匪一弗纯，匪敬弗聚。……肃于明庭，慎于闲居。……君德既修，万邦则正。……"明嘉靖五年至六年（1526年至1527年）为教化天下，宣扬儒学，而"颁御制《敬一箴》于学宫"。于是乎，各地学宫纷纷将《敬一箴》刻于石碑，并建亭供奉，所建之亭遂称为"敬一亭"，成为文庙标志性建筑。

冶山之巅的"敬一亭"在空间比例上，通过减缩山亭的尺度，以体现狭小空间的高远之感。循级而上，空亭翼然，极目四望，眺览旷远，江光云影，远山如黛，望天地之寥廓，知人生之渺茫。四

·敬一亭修缮

·敬一亭旧貌

·敬一亭新颜

周低栏环绕，上有以弧线曲木制成的“美人靠”斜栏。周转亭际，各面景色还有许多摆布。关于此亭的建制，还颇有一番说道。

查阅反映康熙皇帝游历江宁的《南巡盛典图》，所见朝天宫全貌，山顶为一座面阔三间，重檐歇山的房屋，而非亭。而《南京历代风华》所见清代画家绘制朝天宫，虽较前者简洁，但亦有房而无亭。这两幅画卷，虽不能当测绘图看，却极具写实的成分，实属难得之史料。由此可知，至少在清朝中期，冶山之巅还没有“敬一亭”的建制。

清代甘熙《白下琐言》卷二：“学宫尊经阁后有土阜，上有敬一亭，登之可眺远，嘉庆乙丑，与阁同建者也。”由此可知，敬一亭为嘉庆乙丑，即1805年建造。

道光年间，朝天宫屡被火灾；咸丰年间,太平天国定都南京,把朝天宫改为制造和储存火药的“红粉衙”；同治五年（1866年）时任两江总督的曾国藩剿灭长毛后，将冶山改建为中为文庙，西为卞公祠，东为江宁府学的格局。故民国时，朱偰绘制的晚晴朝天宫图，则和之前大相径庭，山顶的房屋亦不知去向，而变成了一处亭子。虽是细微之改动，却有本质之不同。

2. 水池

山顶原本也有一座水池，乃做蓄水之用，以备应急之需，内以砖砌，外敷水泥。虽然为求美化，于池上架起一座两侧低栏的三曲石板小桥，但终因造型笨拙，于园林古建之环境格格不入，反觉东施效颦。此次翻造，虽仍以原先之水池为本，但只是略以布石作矶，稍加变动，便大有改观。清泉小池，用乱石为岸，怪石纵横，犬牙交错，如此，虽只是一洼面积狭小局促之水域，也陡然平添几分深邃山野风致之感，收到“虽由人作，宛自天开”之效果，真可谓亭林小构，园池大雅。

更仿造古代园林理池之法，于池中用糙缸三、两只，并排作底。或埋、或半埋，将山石周围理其上，以油灰抿固缸口。缸中植莲，再于周匝布置景色，并配以细竹紫藤、朱鱼翠藻。如此这般，池水虽不深，却天风荡漾。再以石梁跨之池上，借水造景，池畔曲岸，随树筑堤，花摇叶漂，荇藻交枝，真是满岸玲珑，一池静谧。池边亦有平石，可坐以垂钓，似得濠濮间想。或临水看花，或悦性涤烦，或于焉诵读，或于焉静养；观云啸志，会意纵横，怎不有“会心处在南华秋水矣”之叹。

其他

古典园林的修缮整治，工序复杂，内容繁多。诸如屋顶、门窗、檐口、斗拱、台基之式样，土、木、石、竹、砖、瓦之应用，木构表面包、糊、裱、油之处理，凡此类等，不一而足，难以尽述。除以上景点的逐一介绍外，下面单就技术细节，挑取二三个案，以点概面。

・水池旧貌

・水池新颜

路径既如金丝银线连接诸景，又有条不紊地导览游人，虽无通花渡壑、蜿蜒无尽之妙，亦有随形而弯，依势而曲之制。分隔庭院，连接厅楼，遮雨隔阳。同时，抓住人们的心情，抑扬顿挫，跌宕起伏，趣味无穷，使得各处秀丽景色虽为静态，却给人一种动态的欣赏意境。有道是“信步闲庭花还在，一园春色两园分。”

冶山不甚高，周山有小径曲折。自东南入其山，行二十步，即有梯级可登，依阶而上，静心轩、冶心亭等建筑，映衬在绿树香草之中。另分出盘山小道一条，绕来绕去，路径回环，婉转相属。汇至御碑亭套园，路径之变化更加丰富，利用圆门、游廊、梯道、门洞等贯通院落内外。登上山顶，池尽亭立，历阶而上，游目旷远，大有“山水滋，老庄退；路径绝，风云通”之感慨。

（1）曲廊漏窗

园林中有两处廊道，虽然一为修旧，一为出新，但均是“格式随宜，房廊蜿蜒”。御碑亭小园楼高梯陡，廊曲道狭，游廊依势修筑，委婉三折，连阁绕亭，纵贯东西。墙面开窗，各有形式，或透或漏，或圆或方，一切随机。

更在漏透部分，用砖、瓦、木条编饰成各种各样的精美图案，如此既打破墙面的单调，又使内外诸景沟通借看，增加园林趣味。驻足观赏，借景入园，竹树迷离摇曳，亭台楼阁隐现，犹如一幅幅不断变化的风景画，造成幽深宽广的空间境界。

徜徉于不同花饰的漏窗，步移景随，聚神散气，变化着不同的美感。古木交柯，先抑后扬，由憧憬而迷惑，继而豁然开朗，总有欲、思、惊、叹的不同感慨。

（2）花石铺地

苑囿道路，按其铺面材料，可分作石板、正砖和“花石铺地”三种，每一种铺面的选用都与所处之环境密切关联，各有易趣。其中尤以“花铺”的变化最甚，图案纹样亦多。

花铺所用之石子，其大者曰“鹅子石”，小者

· 游廊漏景修缮

· 游廊漏景新颜

· 花石地铺工作中

· 花石地铺新颜

曰“石榴子”。飞云阁前的铺地，以往采用条砖，年深日久，满路青苔，人行其上，偶有不慎，脚下生滑。此次改用“鹅子石”作花铺，做成一种斜方连续的图案，古人谓之“方胜”是也。《园冶·铺地》有“中庭或宜叠胜”的说法。

石榴子，顾名思义如水果中之石榴子，密集晶莹，乱而不散。《园冶·乱石路》云：“园林砌路，堆小乱石砌如榴子者，坚固而雅致，曲折高卑，从山摄壑，惟斯如一。”山顶水池边即选各色“石榴子”，砌成花纹如同莲花生长在地上。《南史·齐本纪》有云：“（废帝东昏侯）又凿金为莲花以贴地，令潘妃行其上，曰：‘此步步生莲花也。’”行人到此，大有“吟花席地，醉月铺毡。……阶除脱俗，莲生袜底”的快意。

（3）陡梯狭道

飞云阁依山而立，暗藏磴道，从下而上，起初使人有“信足疑无别境”之困惑；历阶而登，境忽开阔，又是一番天地，旋即生出“举头自有深情”之感叹！若沿磴道而下，须小心翼翼，十数层陡

·暗藏之磴道

·髹漆

·装折

阶，愈发紧张，当此之时，豁然开朗，一亭中立，方才放下心来！

而景阳阁，别居一园，清丽闲雅，看似一层。步入屋内，忽缘梯而降，方知上下楼也。此两处梯道的设置，均能出人意料之外，岂不妙极？

2. 装折

园林中建筑屋身的门窗，古称“装折”。人在远处，看到的是柱梁围成的方格的空间比例，而走近时，欣赏的则是装折的形象，因此装折中的隔扇和窗墙间的划分比例，棂条的纹样，十分考究。《园冶·装折》中说：“凡造作对于装修，惟园屋异乎家宅，曲折有条，端方非额，如端方中须寻曲折，到曲折处还定端方，相间得宜，错综为妙。”

此次园林整治，除亭、廊、轩、庐四种建筑形制外，其余各处房屋均需用到装折。或将旧物修葺一新，或为新屋仿古翻造，根据院落及建筑要求，

而装折选用各异。窗扇、隔墙的纹样和外框形式的变化极为丰富。

依其纹样中棂条和外框之不同，基本上可分为：横直条规则纹样；曲折条规则纹样；四周规则，中间留有画框的纹样；冰裂纹样；边框为各种几何图形（圆、六角、梅花）的纹样等等。其中尤以冰裂式（一种不规则的纹饰，如薄冰开裂的样子）最具古典园林特色。《园冶·槅棂式》："冰裂，惟风窗之最宜者，其文致减雅，信画如意，可以上疏下密之妙。"

窗格在窗门隔扇中有特殊的装饰作用，一般有上中下三部分。上部属花格透窗，中部为精细的浅浮雕；下部为脚线，多做纹饰处理。其细部的花饰处理，几何排列与雕花技术的精巧统一，使室内采光具有时空性的变化。

3. 花木

明代陈淏子所著《花镜》云："有名园而无佳卉，犹金屋之鲜丽人。"冶山宫苑内外，共有各种逾百年树龄的榔榆、雪松、女贞、银杏、香樟、古槐等古树名木十余棵。其中尤以朝天宫二进院东南隅的一株古银杏为最。该树枝叶繁茂，亭亭如盖，树高近20米，树冠覆盖面积逾300平方米，胸径超过1米，需3个成年人方能合围过来。相传此树为明太祖朱元璋手植，确切记载始见于清末陈作霖所撰《运渎桥道小志》："冶山之楼……惟三清殿下银杏一株仅存。"其他各色四时不谢之花，经年长青之树更是数不胜数。这些奇葩瑞木早已与宫苑内外的古建筑融为一体，成为其不可分割的一部分。

此次古典园林整治的过程中，领导、专家以及设计、施工单位先后召开多次古典园林会议，对整个冶山范围内树木的保留、调整做了面面俱到的安排部署。首先划定范围，指出"理清古建和园林的范围，古建本体以外，归园林"；然后依据园林的性质"确定东山园林树木的存留"等，对选择花木亦明确之，如"东山园林种植樱花多有不妥"；最后确定树木的增、减、移、护、修诸事宜，如"大桂花树的移植"、"四号通道，道路让榉树"等等。

古树名木对创造园林气氛非常重要，可营造古朴幽深的意境。首先对整个冶山上的树木逐一仔细排查，对造型优美，枝叶繁茂的树木进行保留，并以红绸带系于树干，一旦标识，这些树在施工中万不可动。对生病、枯死、生长不良以及造型单板的树则采取适当的剪除。

当建筑物与古树名木发生矛盾时，宁可挪动建筑以保住大树。明代计成在《园冶》中说："多年树木，碍箭檐垣，让一步可以立根，斫数桠不妨封顶……雕栋飞檐易构，槐荫挺玉难成。"足见，构建房屋容易，百年成树艰难。所以，在冶城阁拆除及重建的过程中，对周边的古木繁花，尽量保留。

原先竹林七贤的景点经过仔细审视，感觉竹林的株行过于稠密、过于规整，要求对竹林重新梳理，疏密要有变化，要有自然形态，要能透过竹林隐约看到其中的石雕像。要的是，人们走过竹林，

· 道路让榉树

· 修剪花木

· 铺草坪

・遮掩井盖

・暗藏水管

・湖石理池

・石经幢

・石井栏

便可听到轻风吹拂竹叶的“沙沙”声。

整治之后的冶山，茂林修竹，悉如自然，奇葩瑞草，宛若天成。鸟雀成群，啁啾争食，秀艳竞春，更觉鸟鸣山寂。但也存在问题若干：如朝天宫为皇家规制，但院落中松柏太少，所植银杏不合规制，而棕榈更是大煞风景；再如敬一亭前的百年老槐和棕榈因生长而发生矛盾时，在树木修剪判断上却背道而驰；又如宫禁院落中，一二进草坪和三进的桂树，采用西式的平剪和几何造型，与中国古典的植物造型方法相去甚远。诸如此类，都是今后扫尾工作中割除弊病的重点。

4. 湖石

宋代《云林石谱》云：“天地至精之气，结而为石，负土而出，壮为奇怪……虽一拳之石，而能蕴千年之秀”。此次整治冶山各处，于湖石选材取用，格外费心。依古代园石“色质清润而坚”、“纹理纵横，笼络隐起，于面遍多坳坎”等标准挑选。再于各处精心布置，或理池、或掇山、或“玲珑安巧”。

例如，沁心楼前，选用“纹眼嵌空”的湖石数十，堆秀成峰。中间暗置水管，营造出“清泉石上流”的意境。再如，御碑亭旁，挑取颇具“宛转之势”的湖石一块，别植佳卉，以达到《园冶・选石》中：“巧取不但玲珑，只宜单点”的效果。

又如，七贤竹庐，坐拥山坳，地势凸凹，极难补救。遂独运匠心，掇石理山，石嵌土内，土掩石根，崒屼嶙峋，千状万态。混假山于真山中，使人不能辨。巧妙地运用了太湖石“瘦、皱、漏、透、清、秀、顽、丑、拙”的特点，使山石获得“远观其势，近观其质”的效果。白乐天《太湖石记》中：“撮要而言，则三山五岳、百洞千壑，覼缕簇缩，尽在其中。”亦不过如此吧！

除造景外，湖石还有遮掩之功能。虽是古典园林特色，实具现代功用之效，各种管线排布，一应俱全。多处窨井，若裸露无碍，直面游人，即为败笔。遂选用小巧之湖石，理其周围，再以油灰抿逢，置之花草丛中。如此美化，以假乱真，古人所谓："看似寻常最奇崛，成如容易却艰辛"是也。

5. 衬景

除了自然的景致和古代建筑或仿古建筑，冶山上还"看似无意却有心"的零星散布着一些古代石刻，以为衬景，如冶山东南入口处的明代卷云纹石抱鼓，冶心亭西北的宋代石狮子一对儿，静心轩前草丛中的清代高浮雕"二龙戏珠"石刻额坊三块、景阳阁小园靠壁理山的清代汉白玉基座，御碑亭旁花卉中的清代汉白玉鱼缸，以及石雕望柱、柱础等等。

各处石刻都是精心布置，既有画龙点睛之妙，又无喧宾夺主之嫌。如七贤竹庐之侧，原安置有砖砌古井一口，将石井栏扣之井上，再于其外小筑竹亭，和竹庐之境融为一体。再如山顶水池边之莲花地铺，以一座石经幢树于此处，佛像、经文、"步步莲花"恰巧合成一景，禅意油然而生，更有池畔雪松，无端吟出"会心处不必在远，长松下当有清风"的诗句。

这座石经幢，顶、座均无，仅余桩身方柱，一共七面。每一面分成上下两部分：上部剔地起突，浮雕佛像一尊；下部阴线正楷，刻写佛的名称。分别为：南无甘露王如来、南无阿弥陁如来、南无多宝如来、南无妙色身如来、南无广博身如来、南无离怖畏如来、南无宝胜如来。

通过考古调查得之，江北浦口老山的密林深处曾有"七佛古禅寺"一座，始建于明朝正统九年（1444年）。据《江浦县志》载："七佛寺在治北十里，正统九年僧普春建。"《江浦俾乘》曾盛赞七佛寺"众山环绕，极称幽僻"。至解放前，七佛寺的僧众已达300余人。建国后，将僧侣遣散，七佛寺亦荡然无存。

七面石经幢，集七佛于一身，就佛寺经幢形制而言，十分少见。"七佛寺"在全国仅有两处，另一处在山西五台山，远隔千里之外，故此石刻极有可能是江浦"七佛寺"的遗物。经幢上佛像的面部皆备毁坏，这与文革破坏人物造像的手法极其类似，睹物思情，不觉黯然神伤。

除了古代石刻，苑囿中还有一些如明代铜水闸，铜、铁涵管，清道光二十三年三月督造"振远将军"铁炮，明代琉璃窑址，郑和宝船遗址出土舵杆，南朝双塔画像砖墓，六朝画像砖文化展示墙等等，不一而足。此不赘述。

结语

整治修葺之后的冶山园林，一山、一水、一石、一木、一池、一桥、一亭、一廊、一楼、一堂……纷至沓来。陈迹遗物，俯仰即是，自相映发，目不暇接。高瞻圣训，周览金石，境炼禅思，气养浩然。信步闲庭之中，杂物御于目外，窥天高知云淡，聆古音察幽义。"望秋云，神飞扬；临春风，思浩荡。虽有金石之乐，圭璋之琛，岂能仿佛之哉！"（南朝王微《叙画》）

参考文献：

[1]（明）计成著、陈植注释：《园冶注释》，中国建筑工业出版社，1981年。

[2]（清）张廷玉等纂修：《子史精华》，北京古籍出版社，1996年。

[3] 刘策著：《中国古代苑囿》，宁夏人民出版社，1979年。

[4]（明）礼部纂修：《洪武京城图志》，南京出版社，2007年。

[5]（明）陈沂撰：《金陵古今图考》，南京出版社，2007年。

[6]（明）计成著、赵农注释：《园冶图说》，山东画报出版社，2005年。

[7]（民国）童寯著：《江南园林志》，中国建筑工业出版社，1987年。

[8] 郭俊纶编著：《清代园林图录》，上海人民出版社，1997年。

朝天宫

修缮前

朝天宫

修缮中

大成殿

朝天宫

修缮后

朝天宫
朝天宫

朝天宫

成果篇

史实为据 谨慎取舍
——朝天宫古建筑群揭顶大修（二期）、园林综合整治侧记

葛维成

朝天宫古建筑群揭顶大修（二期）和冶山古典园林综合整治作为博物馆提档升级工作中两项主要工程。工作量不可谓不大、工期不可谓不紧。复杂程度不可谓不高，综合协调不可谓不多。能够在150天内得以完工，实属不易。在施工期间即要保证工期、质量又要坚持文物维修原则，更是不易。作为亲历过整个施工过程的文物工作者，博物馆派出的两项工程的责任人。对在组织古代建筑、古典园林

· 大成殿

维修过程中的原则把握和坚持，感受是比较深的，感想也是比较多的。客观地把这些具体事件记录下来，或许对后来者有些启发和帮助。

一

“崇圣殿”后的石砌挡土墙。用不规则块石砌筑，大小不一，砌筑也很粗糙。整体看墙面阴潮，更显沧桑、古朴。何时所砌已不可考，但作为保护崇圣殿建筑的挡土墙是大殿环境的一部分，应当作为文物加以保护，维持环境的原真状态，最大限度的保留历史信息。但现状是墙体由于其内部山体，和在山体上修建的消防水池压力过大致石砌挡墙向外倾斜。早十余年前就砌有三处斜撑（通俗叫“牛腿”），可见墙体出现倾斜是有些时日了。对此墙维修过程中拆除重砌的意见曾经一度占了主导

位置，甚至有些搞文物的同志也积极响应。理由很多：有的讲全部馆区都出新了留下这堵破墙太煞风景。也有讲既然年代无法考证，就不受文物维修原则的保护，拆了重砌才好。还有讲起码把不规则的石料加工成统一规格重新砌起来好看，也不耽误工期。设计、施工方意见是拆除，改用新的材料重砌，外贴石材装饰。对此我们工程小组具体分析：第一，斜撑拆除后整个墙体显露出来，从整体看倾斜度不算大，属安全范围；第二，内侧压力年代已久，已经沉降到位，应该是稳定的；第三，虽砌筑年代无从查到，但仍是省级文保单位的一部分，应遵守“不改变文物原貌”的原则；第四，在挡墙内侧实施加固，顶部设排水明沟，降低挡墙顶部的女儿墙高度。这样石砌挡墙实际上就没有了侧压，避免了渗水的侵蚀，减小了顶部的荷载。经过与设计、施工等各方沟通。在反复说明文物保护的重要性及意义所在后。我们的意见被完全采纳。得以实施。最终得以完整的保留下这道挡墙。这次大规模维修中这样的事情很多，但这样原汁原味保留的墙体是最典型的例子。

“万仞宫墙”东侧10余米长围墙维修前即确定为大面积空鼓，墙面开裂，上部向外倾斜达10余厘米。清除粉刷层后显露砖砌部分为“空斗墙”结构，黏和剂成粉状。施工方提出全部拆除，排除险情，改用红砖实砌，以确保安全和工期。对施工方提出的施工方案我们表示充分理解，但也明确不能接受。原因是全部拆除过于草率，应根据险情程度不同作局部的拆、补。一旦全部拆除，文物的历史信息将消失殆尽，这将是无可挽回的，也是不负责的。对此工程建设领导小组特邀古建专家现场指导，根据险情提出解决方案。即可以同意对空斗墙上部鼓胀部分，倾斜过大部分作局部拆除。拆除下来的旧砖全部用于补砌，不足部分可以用现代材料补齐。补砌部分可实砌，可不再按空斗墙做法。总之尽可能少拆，这样的做法即保留了原墙体最大的信息量又保证了险情的排除。

“棂星门”东侧的八字墙8米多长，近4米高。砖细精美，砖雕完好。墙体北头上部向内侧倾斜达8厘米，与棂星门连接处完全脱离。甲方面临拆砌，

原样保留两难选择。拆砌方法简单、易行，而且排除了险情，一劳永逸。但是势必损坏文物本体，尤其是团龙砖雕，难免损毁，尽管可以原样恢复，但毕竟不是原物。原样保留险情如何排除？带着这样的疑惑我们请古建专家现场勘察，展开咨询。经过专家现场查看，险情发展分析后，拒绝了施工方拆砌方案。代以局部灌浆的方法，加固其整体连接。并提出加强常态观测，必要时加内侧斜撑。决不可轻言拆除，文物古建最宝贵的就是原状原样。

朝天宫古建筑群中轴线上的三大殿很长时间没有挂过匾额，但又口口相传为孔庙规制的崇圣殿、大成殿、大成门，是件让人百思不得其解的事。因为古建筑大凡等级较高、规模较大尤其是官方建筑都必须悬挂匾额、楹联的。了解了情况后又感到是件很遗憾，也很纠结的事。归纳起来有这样几种意见：（1）是挂朝天宫的名称还是挂文庙的殿名？（2）原匾额是何规制？是何字体？（3）现在是博物馆作为展厅使用，挂匾不合适。这些意见已经存在很多年，特别是用朝天宫好，还是文庙殿名好？更是纠结。用前者殿名和“棂星门”等典型文庙建筑不符。用后者呢又觉得亏待了朝天宫的名气，毕竟朝天宫是皇家建筑，等级、名声更高，困扰了许多年，也争执了许多年，关键是无名了许多年。工程小组在讨论维修工作时涉及挂匾的问题，最终也是不得要领。一次偶然的机会，得知本馆库房保存有原崇圣殿一块匾，随后见到实物，此原匾框，保护很好，少许地方有破损，雕刻文饰非常完整，也非常精美，只是雕刻的殿名文字不知去向。这无疑坚定了重新挂上殿名匾额的信念。为慎重起见，工程小组去山东曲阜进行考察。结果令人振奋：（1）字体完全可以用皇帝御笔字体；（2）匾额完全可以套用一致的匾框；（3）我馆三大殿完全可以延用清代文庙的规制，统一匾框，制式。工程组的结论意见：本小组的工作是组织对古建筑群维修，一切从维修的质量、安全，综合的建筑美感考虑。不参与关于挂朝天宫殿名和挂文庙殿名的争议之中。完全从古建维修的角度，尽可能做到维修到位，尽可能做到完美展现。既然找到了原大殿悬挂的匾框，我们就有责任把它重新挂上去，恢复其原来的风貌。一来使文物走出库房，让更多的人去欣赏，领略文物的风采，让躺在库房里的文物真正活起来。二解决了大殿多年无名称的问题，也使维修工作尽善尽美。三增加了人文内涵，实际上是回归到古建筑群的原有状态。于是当即安排对原匾进行修复，并复制两块新匾。历经数月，9月15日在整修一新的大成殿举行了庄重，简短的挂匾仪式。当覆在匾上的红绸布揭开之时，由镂空七条金龙云纹匾框围绕，蓝底金字，高2.32米，宽1.4米，重达200多公斤的“大成殿”巨匾展现在人们眼前，顿时吸引了所有人的眼光。阳光下的黄瓦、红柱，金字扁，绿草地，构成了清代文庙建筑的庄重、气派，气势如虹的大气场。这才是朝天宫古建筑群应有的风采，作为点睛作用的金扁，就是古建筑“精、气、神”的体现。

・大成门匾额

“飞云阁”、“飞霞阁”、“景阳阁”为省级文保单位，同在本次维修范围。该处自成一组，虽为民用古建筑，但保存较好，且“飞云阁”清代旧扁尚在。为使维修工作尽可能不留下遗憾，也为恢复旧观，同时增加观赏性，及历史厚重感，工程管理小组几经讨论提出配挂匾额、楹联的建议：1、有旧匾联的重新贴金出新。2、没有旧匾联的古建尽可能配齐。3、冶山历史积淀深厚，文献记载的名联名匾很多，一律从文献中查找。4、新增的三处仿古建筑已然命名为“冶心亭”、“敬心轩”、“沁心楼”仍可用皇帝题写的内容制匾加挂。5、“御碑亭”、“敬一亭”亦悬挂亭名。局领导小组充分肯定了我们的建议，并要求遴选内容要严谨，书写要多样，制作要讲究。在精选确定内容后，我们本着节俭、鼓励新人、本馆艺术家为主体、适当邀请中青年书法家书写的想法。邀请了：张伟、杨康乐、胡小明、麻凡、徐澄、汪迎、李裕康、孙辰八位书法家进行创作。请杜业仁老先生精心制作指导刻匾。历经半年，分批进行悬挂。最终完成“飞云阁”配古联“四面云山齐绕郭，万家烟树不遮楼”。“冶心亭”悬挂乾隆皇帝提“妙高崑阆”扁，配古联“旧地怕重经，当年丝竹宴诸生，回头似梦；名园欣得主，此日楼台逢哲匠，著手成春”。“静心轩”悬挂乾隆皇帝提“含元参化”扁，配古联“冶城访古迹，遗风泯宋梁”。“沁心楼”悬挂康熙皇帝提“欣然有得”扁，配古联“于此见名山大川，雄城故垒；与君可清谈高咏，痛饮狂歌”加上“敬一亭”、“御碑亭”、“飞霞阁”三处扁牌，所有古建筑，仿古建筑，全部悬挂了匾额。四处主要古建筑悬挂了对联。总共出新一块新制九块匾额，新制对联四副。园林增加了文化历史厚重感，真正体现了文化、休闲、休学的意图，方便了参观者的游览。幽雅的景致，传统文化的氛围，厚厚的历史积淀使每个来访的人都不由得平生出敬畏历史的心境。

二

冶山古典园林综合整治设计要点有做减法，不做加法，重在整不在建，重疏朗通透，强化山野气息，有别于私家花园的要求。这是针对当时园林的现状提出的，上次园林较大规模维修，时间在20世纪90年代末，距现时已有十余年了。由于长时间没有专业人员维护，园林游览人数不多，一些基本设施老化，景点荒废，滋生的杂草、杂树长势茂盛，乔木间密不透风，对植物的生长影响很大。唯一的建筑“冶城阁”两次检测均评定为危房，已长时间不接待游人且为安全起见拉起了警戒线。

园林的植物配置从设计到施工基本上体现了做减法，力求疏朗通透，加强山野气息的要求。尽可能地保留了高大乔木，去除中间层次。广植耐阴地被，增加四季花卉的栽植。增加竹子品种，扩大栽种面积，重新安放“竹林七贤”人物石雕，使游客穿行于竹林之中，与古贤们零距离直面交流。整理、新筑环山步径、小道，沿途增加放置大型馆藏石刻，铜、铁涵管、水闸等文物。试图实现“进了朝天宫（冶山园林）走到哪里都能看到文物”这一创新的想法。临王府大街入口处放置明代宝庆公主棺床，背后为Z字形花岗岩玻璃通柜，设计为六朝砖的展示窗，此创意不错。但因砖本身不规则，品相太差，砌筑、摆放均无法进行，故展示效果很不理想。

“曲水流觞”景点维修前基本荒废，究其原因有：该景点建在冶山山腰，为太湖石堆叠而成。水道，驳岸均为湖石堆砌。水源为自来水，浪费较大，尚在其次。主要是该景点处于博物院管理的南迁文物库房（洞库）的上方，该库房建于20世纪40年代，距今已60年了。山上景点放水，该库房就会渗漏，以致曲水流觞不能放水正常开放。水道内杂物枯叶遍地，湖石开裂、松动，也无法正常使用。考虑到此景点“曲水流觞”出处与冶山园林无直接关系；加上渗漏影响他人管理的文物安全；维修已无必要，主要是选址有误。因此设计时我们就提出过拆除该景点，原地修建供人休息的凉亭或茶室。设计方案出来后经专家讨论，确定建一个廊轩亭相连的休息场所，即现在的“敬心轩”。原“曲水流觞”拆除下来的太湖石全部用于园林中小品、路阶、草地等处堆叠和摆放。

・冶城阁

“冶城阁”最终被拆除，原因比较复杂。早在2000年该建筑建设之时，就发现了设计上的瑕疵，并进行过加固。建成后不断有小的问题出现，如木构开裂，椽头松动，外廊整体下沉，门窗变形等。到2005年，已不能正常使用。2006年在例行巡查时又发现立柱腐朽，情况加剧。10月份本馆请东南建设工程安全鉴定有限公司对冶城阁进行安全鉴定。鉴定结论为“地下室混凝土结构承载能力满足安全性要求”“上部主体（木）结构……结构传力路线设计不当2001年加固整改后仍存在明显结构缺陷，引起结构变形，导致梁柱连接松动变形，出现严重损伤迹象，严重影响整体承载。……冶城阁上部主体结构安全性鉴定评级为Du级”（危房）2007年12月文物局再次邀请南京工业大学建工综合实验室对冶城阁进行主体结构检测。检测报告结论显示“部分木柱，木梁开裂和腐朽严重”“内廊木梁歪闪严重，木梁与柱节点被拉裂”一年的时间两个检测机构给出的结论是一致的。

・冶心亭新颜

综合整治开始时，我们对冶城阁还是想通过加固维修，力图保下来的。原因是：（1）此建筑建成才刚刚10年，应该能通过技术手段加固使其排除险情。（2）一旦拆除会不会引起市民的质疑？（3）当时建此阁政府也是花了大量资金的，刚刚10年就拆掉，实在很可惜。因此我们请来东大设计院查看险情，做出加固方案。专家组论证后认为不可行。我们又请施工方拿出加固方案，再次进行论证，仍被否决。所有方案共同的缺陷是：一、加固费用高昂；二、加固后游客仍不能上去参观。这大大出乎我们意料，迫使我们重新认识该阁险情的严重性，重新审视我们自己的取舍态度。6月23日邀请到知名专家叶菊华、戚德跃、韩品峥专题研究讨论冶城阁如何维修的问题；会上专家的科学分析，严谨的态度使会议主题逐渐明了，形成了共识：（1）冶城阁由于当时设计存在结构缺陷，木结构榫卯施工工艺也存在问题。出现严重险情，需要采取有效措施，解决其安全问题。（2）冶城阁目前木结构变形、腐烂和开裂现象严重，需更换量很大，造价高，且更换施工难度大。（3）现有加固方案使用过多钢结构支撑，改变了原木结构体系；另方案的实施也无法保证该建筑今后的安全及有效使用。鉴于冶城阁目前的状况，建议将冶成阁进行危房改建为小体量亭台建筑。专家的意见从根本上解释了冶城阁险情的严重及难以加固的问题，解决了我们的困惑。会后专家意见和本馆报告立即送到市文广新局。局领导在给市领导的汇报中讲道："朝天宫古建为体，文物为魂，优美的园林环境创造与历史对话，天人合一，古今通融的气场。此阁实为体之赘疣……拆其实为明智、正确之选择。"很快市领导给以批示"同意专家意见，舆论上引导沟通好，非古建筑，危旧楼"至此关于冶城阁存留、维修的问题尘埃落定。

在原台基上新修建的仿南朝风格亭台建筑，与园林风格体量相配，命名"冶心亭"。

"敬一亭"位于冶山最高处，因地势高馆内消防水池也修在敬一亭下，紧邻水泵机房，为全馆消防设备重地。敬一亭为文庙古建筑群的一部分，造型古朴大方，又不失玲珑典雅。而亭下消防水池为上世纪80、90年代所筑，钢筋水泥结构，高于地面的池壁水泥粉刷层剥落，红砖砌体一览无遗。北侧泵房屋顶为水泥现浇板，突兀的出现在敬一亭下。显得极不协调，甚至有些破败。对此区域的整治相对来讲较之其他景点是很较难把握的。原因是该处"敬一亭"是主景，其他布置都必须围绕她来布局，统一风格。而消防水池、泵房又为全馆消防重地，不可能搬迁他处，必须保证其消防功能的正常发挥。如何使二者有机联系起来，达到风格一致，功能不变，维修方案的制订必须慎之又慎。经与专家反复讨论研究，最终选取最佳方案：敬一亭为该区主景。消防水池高出地面部分拆除。池壁及驳岸以太湖石堆砌，尽可能向自然过渡，水池最窄处建一座仿石拱平桥。泵房平顶花阶铺地，铺以石栏杆围护。广植牡丹、芍药，花卉，池中可植水莲等水生植物点缀。

经过整治的"敬一亭"区域，突显了"敬一亭"古建筑。消防水池用太湖石堆砌后已没有现代建筑痕迹，但水池还是水池，功能没有改变，变的是水泥结构成了湖石围护的水景。泵房还是泵房，功能未变，变的是屋顶成了花阶铺地观景平台。游客在此观景、赏花、临水休闲，俨然身处江南园林的优雅自在之中。长期闲置的文物石刻"经幢"被安放在观景平台的临水正中，又平添了些许庄严与神圣。

三

在文物建筑维修中体会最深的是什么呢？我认为那就是要始终怀着敬畏之心去面对古建筑的一砖一瓦。我们不是古建筑专家，我们不经意的一句话、一个态度，随时都可能给古建筑代来无可弥补的损害。当我们制止工人封堵大殿后墙下部透气孔时，工人答复是馆方为室内下步工作做准备而安排的。问及封堵方法，答复先拆关联的砖砌体再行封堵。我们对其说明此文物主体不可以拆，哪怕拆附近几块也会破坏其模塑，另外回砌的砖哪儿来呢？一旦拆除就再也恢复不了了。此事协调后没造成更大的损害。但是反映出的问题很多：（1）一般较大

· 敬一亭

·古建筑的彩绘

体量或规格较高的古建筑在后侧墙下部离地2～30厘米处留数个竖向长方形孔洞，宽不过2～3厘米，长20厘米左右，向内呈八字形延伸。除了有通风作用，其他还有什么讲究或功能不清楚，说明知识浅薄。以致制止工人封堵时，被问留下这有什么用？现在室内装空调还用这个小洞通风？我们一时语塞。（2）安排工人封堵气孔的同志对在文物建筑上拆几块砖，封几个洞，认为不妨碍大局，无伤大雅。似乎不屑一顾，不以为然，缺少了点应有的敬畏历史古建的态度，所以才不经意地做出这样的安排。甚至还觉得是小题大做了，这是很让人担心的。文物建筑的维修“要保留其原貌”，坚持“不改变文物原状的原则”。有些文物工作者并未引起重视也未真正领会。现实的确如此，对出土文物，馆藏文物远比对文物建筑要重视得多，这是需要改进的。（3）组织如此大规模全方位参与人数众，复杂程度高的会战型工作，通气协调一定要做到位。避免各自为政，厚此薄彼。给工作代来不必要的麻烦。此事因发现得早，得以制止，未对文物建筑造成更大损害。回头想想，如果发现的晚或没发现，墙体被砸，透气孔被封，文物建筑被毁，将如何交代？所以对文物本体做处理时，哪怕一砖一瓦也是职责所系，必须审慎对待。

2010年朝天宫古建筑群揭顶大修，我感到最为遗憾的是没有把古建筑的彩绘恢复。这很遗憾也很无奈。这里的遗憾不仅是工程没有尽善尽美，还有我们对古建筑的认知差强人意。维修工程开工之后对古建筑上是否有彩绘就开始了调查。周边的同事大多不清楚，有在此工作几十年的同志也肯定说没有彩绘。但专家却肯定清代文庙绘有彩绘，同治年间修的文、武二庙，现存的武庙正殿彩绘可以佐证。文庙在清代地位高于武庙，不可能没有彩绘，因为这是地位的象征。为证实原文庙建筑彩绘存在，在清除大殿木构油漆时特别强调不允许大力斧剁，从点到面，逐次展开，正面梁、枋、斗拱特别要轻。重点部位清理时，监理、甲方人员要旁站。如此要求成效明显，清除油漆后所有柱子以上的木构件上全部是彩绘装饰。虽然已经漫漶不清，斑斑驳驳，但仍可想见当年文庙的华丽、气派、花团锦簇。经咨询有关人士，意见形成：（1）技术上重新恢复彩绘不存在问题。（2）工程费用估算200～300万元。（3）工期略有延长，但可以先做一部分，开馆后再继续做。（4）相关政府部门同意支持恢复彩绘。如此我们建议恢复彩绘支撑理由是：（1）彩绘依据已然找到，趁此大修恢复原状，理所当然。否则油漆将再次覆盖清理出来的彩绘。将来想恢复是非常困难的，也是非常遥远的。（2）工程在建期间所有脚手架全部到位，此时恢复彩绘节省重搭费用。（3）相关部门支持，费用不成问题。（4）关于工期可以先行做大成门、大成殿，甚至可以只做正面，余者待开馆后继续做。然而上级确定的工程完工节点时间是不能变的。最终会议确定，本次维修不考虑恢复彩绘。毕竟从图样设计、清除基底、绘制，从时间上考虑是显仓促的。需要办理的一系列程序，亦要耗费相当精力、时日。综合以上原因，决定不恢复彩绘，留给后边的人去做。至此，关于恢复彩绘的意见有了明确答复。为了留下可证明原有面貌的依据，根据文物维修“可识别原则”，我们特意在大成殿西侧梁坊上保留下一段原始彩绘加以保护，不涂油漆。让人们去想象朝天宫文庙古建筑当年曾有过的辉煌和华彩。

四

2012年12月朝天宫古建筑群维修获“全国十大古建筑维修”表彰。获此殊荣对朝天宫古建筑群来说是实至名归，作为亲历者我也为有幸参与工程全过程而庆幸。艰难的150天工期，在忙碌中完成了所有工作项目，顺利通过验收。让人感到欣慰，有时也会有些许的思考：这次维修过程中，我们对文物建筑的维修原则把握的如何？在这些原则中“最小干扰原则”、“不改变文物原状的原则”、“可识别原则”是比较容易把握的。难以实现的是“原材料、原工艺”的维修原则，现阶段还难以找到成熟的范例，也是很多从事古建保护同仁最困惑的事。

前边列举了几个比较有意思的例子，有满意的也有不太满意的。尽量客观记述，加上个人的感受、感想和思考。目的是给后面的人提供可参考的材料，由此可了解本次维修工作的大概。再者通过这些文字表达一个意思：无论你对原则了解多少，作为文物工作者必须要敬畏历史，尊重先人，善待古建。

南京朝天宫大成殿建筑彩画的保护

王　军

一、建筑概况

朝天宫位于水西门莫愁路东侧的冶城山上。朝天宫古建筑群占地面积约七万余平方米，朝天宫历史悠久，规模宏大，是江南地区保存最完整的清代文庙建筑群。

春秋时期在今朝天宫后山已经出现了南京最早的城邑之——“冶城”，三国东吴时期东吴制造铜铁器的重要场所。东晋初年，司徒、丞相王导将冶山改建为自己的私人别墅，名为“西园”。南朝刘宋明帝

·朝天宫全景图

泰始六年（470年）在冶山建立了“总明观”，这是古代南方最早的社会科学研究机构。冶山在唐代建有太极宫，李白、刘禹锡等大诗人曾先后至此登临；宋代名为天庆观。元代名为玄妙观，后改为“大元兴永寿宫”。明洪武十七年（1385年）太祖朱元璋下诏改建，并赐名为“朝天宫”。明末，朝天宫部分建筑毁于战火。清代康熙、乾隆时期，随着江南社会经济的恢复和发展，朝天宫也逐渐得到重修，规模甚大。太平天国定都年间，把朝天宫改为制造和储存火药的“红粉衙”。同治五年（1866年）两江总督曾国藩，将后来的道观改为孔庙，并把原在成贤街的江宁府学迁至朝天宫。于是就形成了中为文庙，东为府学，西为卞公祠的格局。1957年，朝天宫被列为江苏省重点文物保护单位。现为南京市博物馆所在地。

现存主要建筑：最南边为朱红色宫墙，正南照壁上砖刻“万仞宫墙”四个大字，墙内泮池；宫墙东、西两面入口处各有砖坊1座，3间3拱门，中门上有砖刻横额，东为“德配天地”，西为“道贯古今”；西坊门处有下马碑，上刻“文武官员军民人等至此下马”。自南往北，棂星门是文庙的正南门。4柱南北各有石狮1只，雄雌成对，共8只。牌坊通面阔15.5米。门内两厢东为文吏斋、司神库，西为武官斋、司牲亭等。进棂星门数十步，正面为大成门，大成门面阔5间29米，进深12.29米，重檐歇山顶，上下檐均用斗拱。从大成门北上丹墀，正中是巍峨宏丽的大成殿。它是朝天宫的中心建筑，用材较大，东西两庑和走廊各12间。大成殿后是崇圣殿，亦称先贤祠，歇山顶，檐下斗拱。殿后高处有花敬一亭，亭东有飞云阁、飞霞阁等；阁前有御碑亭，碑上刻乾隆六巡江南时为朝天宫景区所题诗文，故名。敬一亭两旁叠石堆山，筑水池，布置庭院，别有情趣。

二、彩画保护背景及现状

早在1988年至1992年间，朝天宫古建筑群就进行了一次大规模维修。而今，20年的时间过去，一些建筑还是出现了不少问题，“琉璃瓦脱落，漏雨渗水、木材腐朽”现象较为严重，朝天宫建筑群的维修已经势在必行。

2010年，朝天宫提档升级工程列为南京市政府文化建设的重要工程，涉及古建维修、展览陈列、环境改造等，工程面积达到5万多平方米，总工程投资约1.2亿元，是新中国成立以来，政府对朝天宫历次维修投资最大的一次。历经140余天的紧张施工，朝天宫旧貌换新颜，红墙黄瓦，殿宇轩昂。

三、传统古建筑彩画保护案例

1. 洛阳山陕会馆古建筑彩画的保护

该古建筑彩画由于年久失修、自然老化和人为损坏的原因，表层沉积灰层、动物分泌物，颜料层褪色、酥解、脱落等病害，主要采取了2A、3A、离子交换树脂、5%碳酸铵水溶液等进行表面清洗，采用Acrilem、2-5%Paraloid B72等进行加固封护处理[1]。

2. 南阳府衙油饰彩画的保护

府衙文物建筑内、外檐的油饰彩画因历史和人为原因损坏比较大，木构建筑外檐油饰彩画因日晒雨淋、环境污染加之年久失修等原因，多已落色并斑驳不清；内檐油饰彩画的保存现状比外檐油饰彩画的保存现状相对较好，但因后人于建筑内的不良使用，也遭受人居改造、烟熏污染、覆盖的破坏。采取的保护方法如下：针对油饰彩画的原有美化保护功能尚存，只局部出现剥落和破损的，予以原状保存，局部维修；现存的油饰彩画对木构的美化保护功能减退或丧失，但还存在某些遗存痕迹的，予以补绘；对于老木构件因残损不能使用而更换新的木构件的，予以新绘处理[2]。

3. 西岳庙古建筑原有油漆彩画保护及修复

西岳庙油漆彩画的保护主要分为两个层次，第一是木构件上有彩绘或彩绘地仗层的保护，落尘与灰垢的清理，落尘采用刷子刷除和吸尘器吸除结合，灰垢采取棉签蘸取2A溶液辅助非离子表面活性剂滚动清除；烟熏斑的清洗，采用丙酮、稀氨水、石油醚配合手术刀清除；金箔表面清洗，采用磨砂膏机械摩擦去除金子表面污垢。用离子交换树脂去除表面较硬的结垢，再用酒精或石油精，清除残留在表面的清洗材料，从而使金的光泽显露出来；彩绘的加固，主要采用聚乙烯醇缩丁醛乙醇溶液和烯酸树脂pa ra lo id B 72的丙酮溶液；彩绘层的回帖、黏结处理，对于起翘、空臌、断裂的部位使用30%的聚乙烯醇缩丁醛乙醇溶液、15%的pa ra lo id B 72的丙酮溶液或液态环氧树脂滴注、涂刷或灌注；局部腻子脱落的部位，补全其底仗层，补全后的底仗层表面进行颜色做旧，对缺失而不可考的图案和纹饰不进行恢复；显色处理，采用陕西省档案研究所研制的颜料显色剂等作为显色剂，以尽量恢复褪色较严重部位的色度；表面封护处理，表面封护材料选用PARALO ID B 72（甲基丙烯酸乙酯与丙烯酸酯的共聚物）或聚乙烯醇缩丁醛（PVB），在其中添加适量的紫线吸收剂UV－9；第二是木构件上彩绘脱落，只残留图案痕迹，建议采用照相、绘图等方法留取图案的轮廓资料，为彩绘的重新绘制提供依据。重新绘制的彩绘不能破坏原有彩绘的风格，绘制的材料也应与原材料保持一致，颜色可以参照利用色度计测量出的现有彩绘的色度情况，使重绘的部分能与原彩绘相协调一致，最大程度的表现其历史风貌[3]。

4. 曲阜孔庙启圣祠彩画的保护修复实验

曲阜孔庙启圣祠是孔庙西路的主体建筑，建于清雍正年间，启圣祠外檐彩画由于年久失修、自然老化和人为损害等原因，保存状况很差，外檐彩画的病害种类主要是：地仗层剥落，彩画表面积尘、结垢、鸟粪覆盖，颜料层脱落褪色、龟裂、空鼓、起翘、剥离，金层脱落，铁箍与木结构脱离等。而内檐彩画保存状况要好于外檐。主要病害是积尘、裂隙，局部有地仗脱落、颜料剥落，有少量的起翘和剥离，贴金脱落，金胶油老化渗出，彩画空鼓等。在启圣祠的西稍间外檐和内檐各选取一处约30×50厘米的区域进行实验，彩画表面初步清理，采用软毛刷清理，再配合吸尘器吸灰，就可以除去大部分灰尘；彩画颜料层、地仗层预加固处理，对于颜料层脱落、起翘部位，用毛刷蘸取10%的AC33 溶液涂刷，上下涂刷两至三遍后，待其渗入，将宣纸贴附于加固部位，压平，吹干。对于严重裂隙、起翘部位，则选择用热蒸汽机对其热蒸，之后注入70%的AC33，待其渗入后，将宣纸贴附于加固部位，再用刮刀轻轻压平，此外对无地仗彩画彩衣

堂进行加固时，白芨和明胶也可以作为实验材料；彩画的清洗，2A、3A、4A、EDTA均出现掉色现象，最后则选用了非离子表面活性剂，清洗效果很好；空鼓部位回贴，使用蒸汽机对彩画空鼓部位进行热蒸，使其表面软化，热蒸后将70%的AC33 溶液再次注入地仗中，待发挥粘接作用后，将宣纸贴附于回贴部位，用刮刀压平，空鼓部位有效回贴；地仗补配及沥粉贴金，小面积画面缺失部位采用对称拷贝修复原则，进行补全，对于画面上小的掉块、空洞等，可以直接使用传统腻子进行补全、做旧、沥粉、贴金，使整体画面色彩谐调一致，沥粉材料为70%土粉＋3%光油，用老筒子对沥粉脱落部位依据纹饰走势进行沥粉，待沥粉晾干后，将清漆用软毛笔刷于沥粉处，清漆半干时，便可贴金；补色（全色），补色之前建议先检测出原彩画颜料的化学成分，启圣祠彩画颜色补配过程中，主要使用了现在的国画颜料，有钛白、赭石、藤黄、巴黎绿等，对于画面缺失的白色线条、墨线图案、绿色颜料块分别进行了补色；封护，选用2%的B72 丙酮溶液涂刷于彩画颜料表层，涂刷3 遍[4]。

以上保护实施和实验都取得了不错的保护效果，长期的保护评价需要更长时间的跟踪检测评估，在古建筑彩画的保护中，专家学者指出尽量采用与原材料相近的天然材料作为加固和补配的材料[5]。

四、朝天宫古建筑彩画残片的保护

1. 保护原则

此次保护的建筑彩画，位于大成殿右侧檐枋

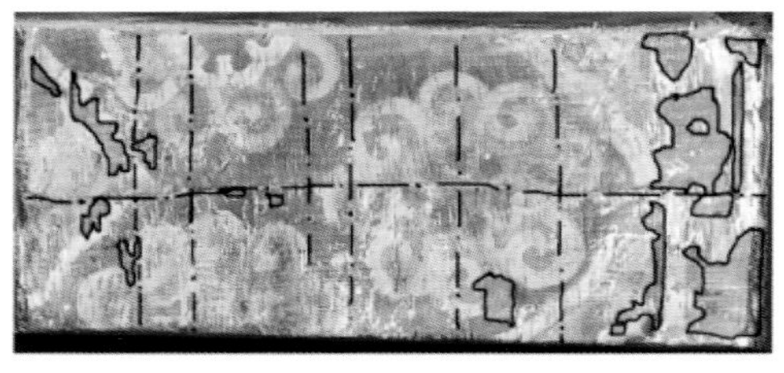

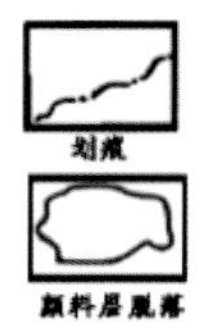

· 病害图

上，彩画仅存一段，尺寸约30×65厘米，彩画表面保存状况较好，局部零星位置存在残损现象，系有清理过程中刀砍所致。彩画制作于檐枋之上，底层为地仗层，表层为颜料层，用色主要为矿物颜料石青、石绿。

此块残留彩画是朝天宫古建筑上仅存的一处，对于今后的复原修复保护意义重大，因此，在“保护为主、抢救第一”的大原则下，针对残留彩画自身保存现状和病害特点，在选择保护材料时，以最小保护干预、最大可再操作性作为评价材料的主要指标。

2. 保护措施

综合考虑残留彩画所处位置、环境及自身特点，所面临的最大的威胁是灰尘污染、降雨产生的雨雾和潮气以及滋生的微生物，因此在选择加固材料上需要既能在彩画表面形成一层保护膜，又不能阻隔彩画地仗、颜料层之间的自然孔隙。我们选择了B72、明胶、派力克进行以下理论性能比对：

因此，综合考虑，派力克具有优良的防水、防尘、透气，以及快速渗透的特性，最终选择其作为封护材料。派力克应用封护过程中，对温度、湿度有一定的要求，施工时避免雨天，空气湿度不宜超过70%。首先，采用软毛刷和吹球清理表面浮尘，观

名称 / 指标	色泽	渗透深度（以混凝土为例）	防水性	透气性	老化年限	降解产物
2%B72	透明	中	优	差	不耐光老化[7]	有机
2%明胶	浅黄	中	差	差		有机
派力克	透明	强[8]	优	优[8]		无机

表1：三种加固材料理论性能对比

察颜料是否有脱落现象，如有则需谨慎操作，并对脱落部位进行选择性加固；将派力克封护液注入喷雾器中，喷雾器尽量选择雾化效果较好的产品，对待封护区域进行喷涂，第一次喷满整个彩画画面，以不留挂为准，待基本干燥后，进行第二次喷涂，自然干燥即可。

颜料层脱落部分的彩画，由于现存彩画面积较小，此次保护不做补配修复。

五、小结

本次朝天宫残留彩画的保护，在时间紧张的情况下，缺乏对壁画本身深入的分析检测工作，属于抢救性保护处理，也为朝天宫古建筑彩画留下了仅有的实物资料。从2年后的保护处理效果来看，基本达到的当初的防尘、防水、防霉要求，更加长期的效果需进一步跟踪评价。

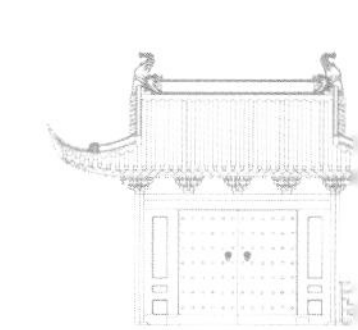

注释：

[1] 杨蔚青、肖东：《洛阳山陕会馆古建筑彩画的保护与成效》，《古建园林技术》，2011年第4期。

[2] 杨东昱：《南阳府衙油饰彩画的保护》，《中原文物》，2007年第6期。

[3] 武小鹏：《浅谈西岳庙古建筑原有油漆彩画保护及修复》，《陕西建筑》，2009年总第171期。

[4] 马楠：《曲阜孔庙启圣祠彩画的保护修复实验》，《文物春秋》，2012年第2期。

[5] 龚德才、王鸣军：《传统技术及方法在江苏古建彩画保护中的应用》，《文博》2009年第6期。

[6] 马琳燕、田小平、崔敏侠：《古建筑彩画修复补全的方法和理念》，《文博》2006年第3期。

[7] 杨璐、王丽琴等：《文物保护用丙烯酸树脂Paraloid B72的光稳定性能研究》，《文物保护与考古科学》，2007年第3期。

[8] 冯世虎、胡石、曹荣生：《大禹陵禹庙大殿混凝土涂层保护试验研究》，《中国科技论文在线精品论文》，2012年5(14)：1361–1370.

朝天宫古建筑群落维修工程管理措施小记

张金喜　王　涛

朝天宫自1992年维修至今，久失修缮，随着时间的推移，各种复杂的情况不断出现，建筑主体倾斜歪闪、构件折损、沉陷塌漏等情况随处可见。既有碍观瞻，又是安全隐患。

2008年至2010年，在市局领导的关心下，我馆开展了围绕朝天宫古建筑群落的揭顶大修项目。今将此次工作中有关施工管理方面的内容聊做小结。限于水平和经验，本文论说不周之处，望各级领导和专家学者予以指正。

一、工作难度

1. 工程量大，工期紧张

朝天宫古建文保（一期）修缮工程，范围包括大成殿、崇圣殿、三进大门以北的东西厢房及侧廊，工程总面积达3142.70平方米。仅以琉璃瓦屋面论之，其修缮面积就达4808平方米，一共烧制并安装各型琉璃瓦13万块，琉璃构件70余种、122套，各种脊件总长440米，钉帽4400只。

2. 专业性强，且分项多

古建筑的维修工程，科学性、技术性很强。我们要最大限度地保护古建筑的历史、艺术和科学价值，同时要力求不失误或少失误，做好文物保护工作。

此次朝天宫古建筑群落维修，采用的是揭顶大修，这种修缮方式是文物保护工作上一项是科学性、技术性很强的工程。它不仅涉及工程地质、土木工程和建筑的时代特征、工艺流程等各个方面，还涉及琉璃、彩绘、髹漆等多方面的专业知识和保护技术。

此外，揭顶大修牵扯到的分项工程内容也十分庞杂，主要有六大工程：大木结构（如老架梁、戗角、椽子、望板等）、地面（如金砖）、屋面、木装修（如斗拱的垫、托、加固等）、装饰、电气照明（要求不破坏原结构）。在具体的施工过程中，还涉及如屋面防水（新型卷材、泥灰、砂浆等黏合材料）、白蚁防治、防雷、电气绝缘、建筑防火、安防系统等诸多方面的问题。

尤其在屋面的处理上，对屋顶原先的漏雨点进行重点防范，疏通渠道、保持雨水畅通，修正殿堂柱梁角度，以及简易的支撑加固等，也是必不可少的工作，以期把弊端消除在萌芽时期。

3. 参观游人多，安全要求高

朝天宫兼国家AAAA级景区和博物馆于一体，每年来此参观的游客逾30万之多。在将近两年的施工过程中，朝天宫亦不曾封闭，依旧正常开放，其间接待游客逾50万人次，以及党和国家领导人的参观。故施工期间的安全尤为重要，除划定施工区域对游客加以拦截外，还必须采取相应的措施，设定好引导游人的路线，既不能妨碍参观，同时还要保证文物和游人安全。

二、具体工作

1. 施工及管理会议

朝天宫古建筑群落的揭顶修缮，工期紧张，地形复杂，工种多样，人员众多，牵涉到方方面面的诸多事宜。从组织强干有力、精通业务、善于管理的人员进行工程的管理；到选用有一定文物修缮基础、设备齐全、技术力量过硬的施工单位实施；再到维修过程中对设计有重大的修改或遇有疑难问题、异议的技术处理，邀请有关专家（如叶菊华、戚德耀等）和设计主持人会审；以及必要时组织古建专家和有经验的工匠咨询论证，制定出有效的专项方案，以确保维修质量；甚至建立健全各种技术管理、质量管理、组织管理、财务管理等方面的规章制度。每周都召开例会，特殊情况下召开专题会议，及时为修缮保驾护航。

2. 做好记录和档案保存

在修缮过程中，建好维修档案，也是必不可少的工作内容。对重要的建筑构件进行测绘、照相，并将维修前后的测绘图纸（包括草图）、照片、文字说明、施工合同、预决算等一并入档，并注意收集、保存典型的建筑构件。

如在修缮前，除了实地勘测研究和测绘设计外，古建筑的外形、全貌，各个结构部分，全部拍摄了照片资料。逐项地分别检查各类构件的残缺、损坏或完好情况，将损坏程度、面积和范围一一记录在案，作为修缮加固依据和研究资料，也可以作为拆卸后检修对证的先前记录。对拆卸过程中，发现的彩绘，及时进行记录、拍照，这是原先设计中没有的，经研究保护于此。

为了施工方便和研究需要，在大殿的拆卸、检修、加固、安装等施工过程中，分别各个阶段和不同的工艺流程，如搭套、凿卯、布瓦、调脊、墁地等，全部拍摄现场工作照片。

3. 规划施工现场

修缮工程，分项甚多，场地狭小，施工困难，任务繁重，技术要求高，工艺要求精。故合理安排、利用施工场地，成为科学施工的第一步。各种建筑构件拆卸后的检修、存放，各种材料的存放、加工，运输车辆的往来，安装时的架木坡道等，殿宇周围几乎无地可寻，需要在较远的地方（约200～300米处）设置施工场地等问题，都需要预筹良策。

新购材料、设备的存放地点，要考虑到加工复制方便；拆卸时殿宇旧构件的储存，琉璃脊饰、瓦件、砖石、柱额、斗拱、梁架、椽望等，要检修加固便利；各种设备的架设安装，要尽可能地有利于施工操作，同时要考虑到施工期间人员和车辆的行驶，留足安全通道。各种材料的拆卸和使用，都有一些不可变更的先后次序和规律，规划不当，不仅会造成材料的移地存放和二次搬运，浪费资金，而且还会影响工程进度和构件的安全。

4. 确保安全施工

注意安全施工，是工作的重中之重。所谓安全，包括文物安全和人身安全两个方面，既确保作业工人的安全，又得保证参观游客的安全。故而严格按照国家文物局下发的《文物保护工程管理办法》，及南京市建设委员会和南京市园林局联合发文的《南京市园林、古建及仿古建筑工程标准化现场管理达标考核暂行办法》的规定。自始至终，三令五申，施工场地必须严禁烟火，杜绝抽烟，游人不得进入。安全帽、安全带、灭火器、防护网罩等安全设施必须一应俱全。

电路必须绝缘可靠，排水必须畅通无阻，消防设施必须齐备有效。施工场地要有专人看护，风雨天更要加强检查。同时对施工人员要进行文物常识和安全知识的教育，不得违章作业。一旦发现施工场地中有抽烟等现象，勒令监理及施工负责人严肃处理！此外，在施工进程中，还须做好古建筑群落以及施工场地的防火、防雷、防盗等保障安全性的工作。

5. 材料质量把关

在材料的选购与定制方面。根据设计要求和需要复制的残破构件的实际情况，选择木材的材质材种和砖、瓦、琉璃、石料、油漆的规格质量，是古建筑修缮成败的关键一环。

如对琉璃瓦的定制，木材的选购实行事先控制原则。建设单位和监理提前介入到对生产单位和货源的考察工作，做到在源头上把住质量关。在琉璃瓦、木构件的加工期间，和监理、建设单位一起，深入琉璃构件的制作工厂及车间，在南京、宜兴之间来回奔波前后达八次之多，对泥坯、半成品的质量采取分阶段验收，目的是督促这次琉璃瓦屋面的大修必须严格保持原样。

朝天宫琉璃瓦的规制达到皇宫等级，大成殿、崇圣殿的正脊龙吻高度达2.86米，由14块构件拼接而成。厢房和侧廊屋面采用方胜聚锦，一勾二筒剪边，琉璃瓦当采用正身五爪金龙纹饰。戗角兽前四座小跑别具一格。为了在所有细节上保持文物原样，脊件、座兽、小跑、套兽等等，基本上是用原件翻制模型。对样品初验时发现纹路不清晰，凹凸不明显，线条不流畅等问题，要求厂家修改，乃至重做！

对功能和安全性比较重要的材料，如生漆、防水卷材、涂料、电线等，现场取样，送到具有相应资质的检测单位复试检测。对不符合设计要求和质量标准的材料坚决退货更换。

6. 施工程序控制

修缮工程的质量，就是文物保护的质量，所以在施工过程中，必须增强质量意识，严格质量要。同时不得为追求工程进度而忽视施工程序，因为任何一个失误，都会影响修缮工程的整体效果。

按照罗哲文先生所讲求的“不改变文物原状的原则”，采用传统工艺维修。建筑材料除屋面防水工程外，在材质、形制、规格、尺寸、色泽、纹饰等各方面都必须保持原样。

每个工程项目和程序都要认真对待，精心施工，并按照施工程序，分项检查验收。质量合格后，方可进行下一道工序。这样层层把关，项项负责，以确保质量优良。

如古建筑维修工程在木结构、琉璃瓦、油漆等部分，均需采用传统工艺，各道工序都有严格的质量标准。要求监理，严格按照“上道工序不合格，不得进行下道工序施工”的原则。在施工全程中，每日巡查、抽检。对重要工序，督促监理监督。通过对每一道工序施工质量层层把关，及时纠正缺陷，使整个施工中各分项工程始终处于受控状态。

经过近两年的紧锣密鼓的工作，终于在2010年国庆前夕圆满完成建筑主体的修缮，实现安全施工零事故，得到领导的肯定。

朝天宫古建筑群的智能化管理方法

蒋彬彬

朝天宫古建筑群占地面积约七万余平方米,规模宏大、气势雄伟,是江南地区现存最为完好的一组古建筑群，此次朝天宫提档升级工程基本涵盖了外围宫墙、泮池、牌坊、棂星门、大成门、东西厢房、大成殿、崇圣殿、飞云阁、飞霞阁等主要古建筑群的修缮，可以说是新中国成立以来规模最大的一次整体修缮工程，修葺一新的朝天宫古建筑群在保持了原有古建筑风貌的同时焕发出了新的朝气。

作为南京市博物馆的所在地，朝天宫古建筑群还肩负着另一项重要的使命，那就是数十万件馆藏文物的载体，走进朝天宫就仿佛走进了历史的长廊，所以做好古建筑群保护工作的同时我们也要充分的利用好这块宝地，科学的管理方法在这里起到了举足轻重的作用。下面本人将从自身专业出发分别对此次修缮工程中消防和监控等智能化设备在古建筑中的应用提出一些浅显的观点，供大家共同交流学习。

众所周知古建筑的主体结构均为木制材料，表面刷油漆或绘制彩画，这些均是易燃物质，加上宫内多为连体建筑，组群布置，火灾发生后极易蔓延，而古建筑由于本身的局限性不可能像新建筑那样安装喷淋等有效的灭火装置，这就要求我们必须充分利用科技手段在早期火灾报警中的优势，在保证减少误报的前提下尽可能实现准确、早期的火灾报警，确保古建筑的安全。由于此前古建筑群的消防手段只局限在建筑外围的消防管网，两室内消防设施基本空缺，所以在这次古建筑的内部展陈工程开始前我们首先考虑的是如何实现古建筑内部的消防报警联动。很快我们就遇到了一个棘手的问题，那就是古建筑的层高，大成殿和崇圣殿的层高都超过10米，如果发生火灾，当烟雾上升至一定高度就会被周围存在的空气所冷却，停留在一个空气层面中不再上升，而且在开放的大空间中由于有热障区域的存在，烟雾就不会到达热障以后的空间，使得传统点型感烟探测器不能发挥有效作用。在经过多方求证后，我们为层高超过10米的大殿选择了两套方案，分别是及早期空气采样探测器和反射式光束感烟探测器。

这两种探测器各有特点，及早期空气采样探测器的原理是主动抽取空间中的空气进行采样分析，

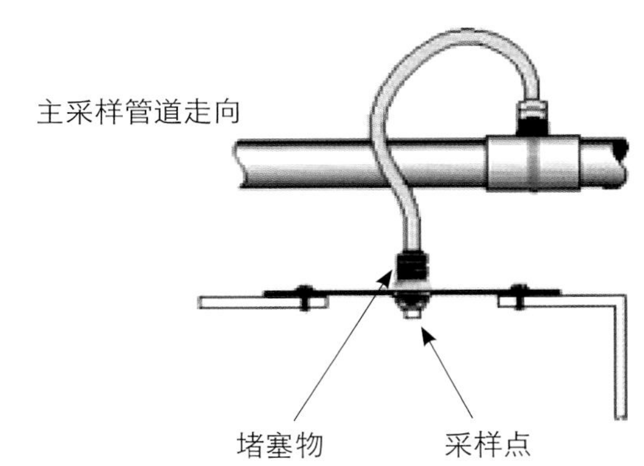

智能区分粉尘和烟雾。

其优点是（1）主动抽取气样，克服了传统点型烟感被动等待和空气流动的影响。（2）灵敏度高，可以探测到不可见烟，在形成火灾之前提供预警，达到早期预警的目的。（3）探测口尺寸较小，适合隐蔽布置，不影响整体展陈效果。由于2008年我们在崇圣殿尝试过这种探测器，所以在实际使用中还是有一点心得体会的，虽然这种探测器的灵敏度很高，但是在实际使用中还是有一些问题无法避免，一是灵敏度高导致的误报问题，虽然其探测口的设置位置对环境并没有过高的要求，pvc的采集管道也没有了传统的电缆信号干扰问题，但是其主机所在环境的要求仍然较高，如果长期不做维护，误报率会有上升的情况。二是无法与现有消防系统并行联网，势必对原有消防预留接口造成浪费，且本身造价较高，成本也是我们考虑比较大的因素之一。三是对于无吊顶的大殿，其分布密集的采集管道会对展陈的整体效果产生影响。

第二种反射式光束感烟探测器是专为长区间所开发的探测器，其由一个发射器/接收器组合单元和一个反光镜构成。进入发射器/接收器和反光镜之间区域的烟使到达接收器的信号减弱。当减光率达到预设阈值时，探测器就会产生报警信号。其主要优点：（1）适合层高较高、开面较宽的区域，所以那些拥有高层天花板、积满灰尘和恶劣的环境或者

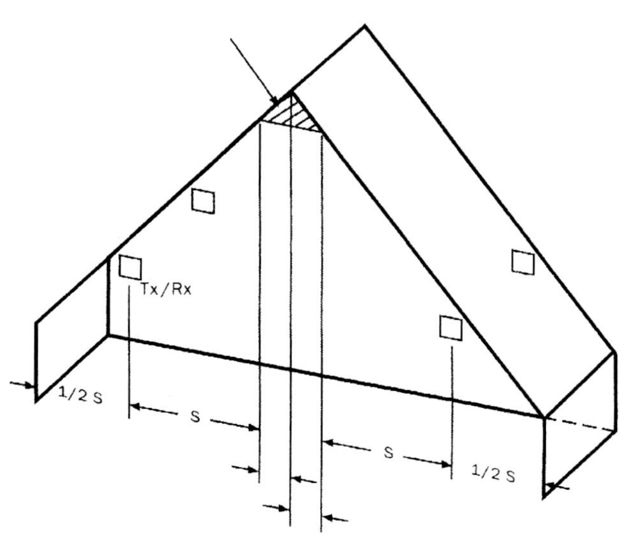

高温场合都是安装反射式光束感烟探测器的理想之地。（2）对于没有吊顶的大殿，这种探测器将看不见多余的管道和管线，发射器也可以根据现场的环境更换面板，对展览效果的影响降到了最低。（3）与现有报警主机兼容，方便原有系统扩展，节约了资源，并且维护较便捷，只需定期清理反射板上的灰尘即可。缺点是灵敏度不如空气采样式的那么灵敏，仍属于被动探测器的种类，并且如果发生元器件故障，较高的位置也给维修带来了一些麻烦。但是考虑到兼容性和展陈效果，我们仍然选择了这种探测器作为大殿的主要消防手段。对于灵敏度的问题，我们已经在考虑通过数字化监控的应用来进行补偿，这点我将在后面的内容中详细说明。

作为博物馆另一项重要的智能化管理手段就是监控系统的应用，随着人们对技防手段的重视，近两年监控技术的发展速度令人叹为观止，我们已经大踏步地迈进第三代监控技术的时代，先进的技术帮助我们解决了过去无法解决的问题，填补了过去存在的漏洞，但是同时也带来了新的要求，就是如何选择与环境相适应以及更稳定和更可靠的设备。在此次古建修缮中我们就遇到了两个棘手的问题，一是如何让摄像机不影响到展陈的效果。二是管线如何布置。

对于摄像机位置，我们过去传统的做法是在展板和包柱上进行固定，但是这种做法在之前的展览中被证实难以满足展陈效果的要求，破坏了整体的氛围，好在这次展陈设计中没有过多的空间分割，基本上都是以大开间为主，所以经过我们多次实地勘察和验证，决定在展板顶端设置摄像机，这种做法必须满足两个条件才可以实施，一是虚拟空间的划分必须非常合理，不同区域的联动关系必须准确，这一点可能需要在实际使用中不断进行磨合调整。二是摄像机的性能要求较高，长焦距调整之后的清晰度和色彩还原度都必须符合规范要求。

关于管线布置，可谓伤透了脑筋，既不能破坏古建筑的外观也要考虑展陈的需要，多个中心区域的独立柜需要多条管线进行支持，唯一可行的办法就是架空。可是在架空层里管线布置是方便了，

也带来了新的问题，架空层的震动给报警器造成不小的麻烦，比如多维驻波探测器，此种探测器是在博物馆中使用最为广泛的探测器，其主要原理是发射一系列超声波脉冲，在空间内形成驻波场，利用驻波场的物理效应对警戒区进行监控探测。由于超声波在室内经过多次反射，几乎可以充满任何角落，因此很少出现探测盲区，一般不会产生漏报。缺点是空气流动会对探测器产生影响，因此需在空气流通小的的环境中使用，提高识别度。而展柜要做到密不透风是不可能的，细微的震动都会造成报警器的误报警，所以在实际使用中有架空层的地方误报率非常严重，这一点如果大家今后在遇到类似问题的时候应该引以为鉴。所以在竣工后的调整中，我们逐步更换了架空层处的驻波报警器，改为被动红外和微波报警器，有人肯定会问既然想降低误报率，为什么不选择双鉴报警器，因为虽然此类报警器不如双鉴报警器稳定，但是很少出现双鉴报警器的漏报现象，从目前的使用效果来看，还是比较令人满意的。此外我们还考虑在未来进行局部数字模块改造，以填补原有模拟信号摄像机使用的局限性，特别是对于古建筑内部这种大开间的环境，使用数字模块可以大大缩小原有监控的盲区，同时弥补原有消防手段的不足。所谓数字模块改造就是在前端加装一个数字信号和模拟信号相互转换的模块，使得整个系统既有模拟系统的响应速度又使得局部摄像机具备多种数字功能，下面列举一些常用的数字功能，越线监测功能可以帮助统计展厅的人流量；遗留遗弃物品监测可以帮助寻找失物及危险品；移动监测可以作为报警器的辅助手段；火势监测可以作为火灾报警器的辅助手段；游荡监测可以排除一些潜在的安全隐患等等。可以说未来的智能化监控一定是向数字方向发展的，合理搭配好各种设备会使我们的安全工作更加全面。

古建筑的智能化管理范畴很广，绝不仅仅只是我提到的这两点，但是出发点都是一致的，那就是如何利用先进的技术手段保护好前人给我们留下的文化遗产。本文中提到的观点只是本人在参与此次古建大修后的一点心得体会，如有不足之处也欢迎大家指正，共同交流学习。

参考文献：

[1] 安卫华：《故宫博物院火灾自动报警系统改造设计——探测器的选择》，《电气应用》，2011年第18期。

[2] 于康唯、张威：《浅析博物馆防盗报警系统的漏报误报》，《安防科技》，2009年第2期。

[3] 张季：《未来视频监控系统的走向——智能化视频监控系统》，《中国安防》，2008年第11期。

朝天宫

资料篇

朝天宫古建筑群历次大修实录

王启斌 收集

朝天宫是南京最早开发的地区之一，已2400多年历史。其址最早相传为吴王夫差冶铸处，固有古冶城之称。三国时，孙权也曾在此设冶官，专门从事冶铁。晋元帝时，王导以其地为西园，并建冶亭。	
明洪武十七年（1384年）重建，太祖朱元璋赐额朝天宫，时文武百僚有大朝贺于此。	《万历上江两县志》《明太祖实录》
明天顺辛巳（1461年）弗戒于火，殿宇延燹殆尽。	《金陵玄观志》
成化辛卯（1471年）复建，历六年而工毕，“规制悉遵於旧，而轮奂有加。”时飞龙亭址上建万岁殿，前有三清宝殿，大通明殿，神君殿，均琉璃缘边通脊兽吻。另有“经阁二、碑亭二，钟鼓各一，廊庑八十四”等建筑。	《金陵玄观志》
明成化十五年（1479年），文渊阁大学士商辂作《奉敕重建朝天宫碑》。	
嘉庆、道光年间，曾国藩作《重修江宁府学碑记》	
清道光时，朝天宫“历年滋久，堂庑陊剥 ，梁桷倾敧 ，旁风上雨侵及神居”江宁少司寇赵公等集议修葺作新，自十三年十月至十四年八月，耗资白金八千，终使“六殿具修，四配咸建，长廊曲注飞阁遥骞钟声闻，御碑穹峙”。	《白下琐言》
1864年7月19日，清军攻陷天京，大半建筑遭毁，“惟存门堂及飞霞阁、水府、行宫数十间”。	《同治上江两县志》
同治四年（1865年）八月，清政府署理两江总督李鸿章重加修建，将原鸡笼山东的江宁府学移建于此。五年九月建成大成殿及棂星门、戟门、两庑、库房、官厅等，工凡用帑八万一千余金。 曾国藩任两江总督后，继续兴建，于八年七月成。建崇圣殿、尊经阁、明伦堂、宫墙、泮池、名宦乡贤忠义孝悌等祠，规模宏阔，甲于东南。用帑三万六千余。共银十一万七千五百两余。	《同治上江两县志》

1934～1936年，国民政府教育部将府学原有的尊经阁、顾亭林祠等建筑拆除，建国立北平故宫博物院南京分院文物库房。	《江苏省省级文物保护单位记录档案》
1954年 ，先拨款一亿三千四百万元，后又增拨九千三百万元，由南京文物保管委员会负责指导，抢修了大成殿、飞云阁、戟门、棂星门等处	《江苏省省级文物保护单位记录档案》
1956年8月，因台风侵袭，大成殿屋顶正脊倒塌，拨款1580元，紧急抢修。	《江苏省省级文物保护单位记录档案》
1963年至1965年，拨款70000余元， 修棂星门、戟门、 大成殿、先贤殿、飞云阁、 飞霞阁 、明伦堂等。	《江苏省省级文物保护单位记录档案》
1972年7月至1973年1月，拨款95000元，重修 先贤 祠。	《江苏省省级文物保护单位记录档案》
1980年6月至9月，拨款50000元，修复万仞宫墙、东、西 牌楼、八字照壁、棂星门等	《江苏省省级文物保护单位记录档案》
1983年10月，恢复修建泮池。	《江苏省省级文物保护单位记录档案》
1987年起，前后拨款1400多万元，实施全面修复工程 ，至1993年竣工，工程分三期 ，朝天宫 基本恢复清同治年间江宁府学文庙风貌。	《江苏省省级文物保护单位记录档案》

南京市政府关于朝天宫古建筑群维修一期批复

南京市建设委员会文件

宁建综字［2008］192号

关于同意朝天宫古建筑维修一期工程立项的批复

市文物局：

你局宁文物字［2008］31号《关于朝天宫古建筑维修一期工程立项的请示》悉。经研究，现批复如下：

一、为消除朝天宫古建筑的险情，提高文物的保护水平，根据我市2008年城市建设计划，同意朝天宫古建筑维修一期工程立项实施。

二、工程实施范围及内容：朝天宫大成殿、崇圣殿、长廊、厢房古建筑维修以及景观照明等附属工程，具体方案待审批后确定。

三、工程估算投资约650万元，所需资金省文物专项基金安排50万元，其余资金由市城建资金统筹安排。

据此开展前期准备工作，严格履行项目建设程序，执行宁政发[2004]218号文件精神。编制工程初步设计及概算、施工图设计，批准后组织实施，注重工程质量，确保工程按期建成。

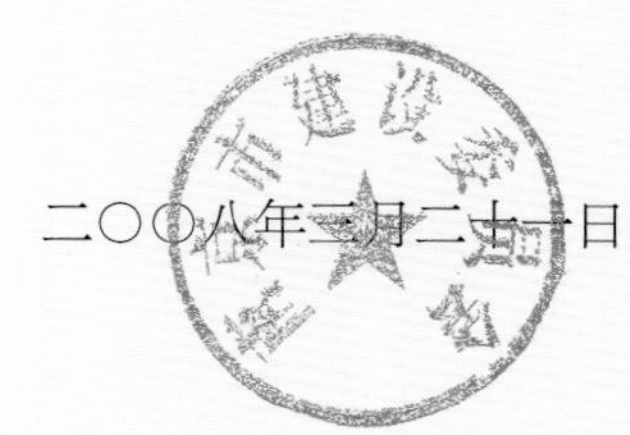

二〇〇八年三月二十一日

主题词：文物　工程　立项　批复

抄报：市政府

抄送：市财政、规划、市容局、白下区人民政府

南京市政府关于朝天宫古建筑群维修二期批复

南京市住房和城乡建设委员会文件

宁建字[2010]317号

关于同意朝天宫古建筑维修二期工程立项的批复

市文物局：

你局宁文物字[2010]74号《关于朝天宫古建筑维修二期工程立项的请示》悉。经研究，现批复如下：

一、为消除朝天宫古建筑的险情，提高文物的保护水平，根据我市2010年城市建设计划，同意朝天宫古建筑维修二期工程立项实施。

二、工程实施范围及内容：朝天宫大成门及两侧厢房，棂星门及其前广场、飞霞阁、飞云阁、景阳阁、御碑亭、敬一亭及其宫墙的古建筑维修及相关配套工程等，具体方案待审批后确定。

三、工程估算投资约1350万元，所需资金由市城建资金统筹安排。

请据此开展前期准备工作，严格履行项目建设程序，执行宁政发[2004]218号文件精神。编制工程初步设计及概算、施工图设计，批准后组织实施，注重工程质量，确保工程按期建成。

二〇一〇年四月二十一日

主题词：环境 工程 立项 批复

抄报：市政府

抄送：市规划、财政、审计、统计局

南京朝天宫古建群修缮获奖文件

荣誉证书

南京市博物馆

你单位管理的“南京朝天宫古建筑群维修工程”被评选为“2010年度十大文物维修工程”。

特发此证

中国文物报社　　　　中国文物保护基金会

二○一一年十二月

南京市园林规划设计院有限责任公司：

你单位承担设计的工程项目：朝天宫环境综合整治工程，被评为2013 年度南京市优秀工程设计一等奖。

特发此奖状，以资鼓励。

南京市勘察设计行业协会

二零一三年八月八日

奖　　状

南京市园林规划设计院有限责任公司：

你单位承担的朝天宫环境综合整治工程项目，荣获二０一三年度省城乡建设系统优秀勘察设计二等奖。

二〇一三年十二月三十一日

后 记

作为博物馆的文物工作者能全程参与朝天宫古建筑群和冶山古典园林综合整治工程是非常幸运的。首先，本次大修为建国60年以来投资最多、时间相隔最长、涉及范围最广，维修整治最为彻底的一次。上至市政府、文化局、文物局，下至博物馆都极为重视。其二，工程之始即特聘江苏省设计大师叶菊华先生为本工程技术总顾问，聘请德高望重的古建专家戚德跃先生、结构专家博士生导师曹双寅先生为本工程咨询顾问。他们深厚的古建园林专业知识，传承历史的强烈责任意识，谦虚宽厚的道德修养，自始至终为工程，为后学掌舵、把关、释疑解惑。我们工程管理人员从他们身上学到的不仅是古建园林专业知识，还有严谨的治学态度。他们的辛勤工作和敬业精神，绝不是简单的感谢二字能表达的，而是博物馆需要铭记的。其三，这次揭顶大修最大限度的坚持了文物维修原则。改变了一部分同志轻视文物古建的观念，解决了多年来古建筑群使用称谓的问题，尽可能完整的再现了朝天宫古建筑群的原貌。这些贯穿维修全过程的坚持，在获得全国“2010年度十大文物维修工程”的表彰时得到了中国文物保护基金会、中国文物报社的认同和鼓励。

朝天宫古建筑群和冶山古典园林历史沿革、文化脉络清晰有序，为世人所认可。虽几经战火，历朝历代都有重建、维修。遗憾的是历史有人研究，工程资料的收集归档却鲜有专业的关注。以致工程资料散失严重，不成系统，难以查找和还原。2009年开始的本次大修工程将工程资料的收集、整理提到了向历史负责的高度。力求通过参与工程全过程把握好这次难得的大修机会，给后人收集并建立起完整、系统的工程资料档案。为将来的维修、管理工作带来方便。基于此，本书将管理者于工程资料外的未尽之言编结成册，作为工程资料的一种补充，力求客观、系统的记录下该工程的方方面面。这是大家的共识，也是工程参与者的责任和义务。

本次大修于2010年10月结束。工作量巨大的二期工程仅用5个月完成，实在是难以想象的。面对如此头绪繁杂、场地狭小，参建方多，短时间内工作量相对集中的整治维修工程。作为非工程专业的文物工作者要想总结的全面和规范绝不是容易的事。何况大多工程管理人员还是初次接触维修工程，其中的困难可想而知。这种专业能力的短板，显然不可能短时间改变。因此，本书在专业学术上难免出现瑕疵。在此向阅者表示真诚的谦意。但尽管困难很多，所有参与写作的同志还是非常努力的。在此向他们表示敬意。张永媚同志承担了大量文稿的文印工作，为此特别感谢她的理解和付出。资料搜集工作细致、繁杂，王启斌同志为搜集老照片等影像资料付出了很大的努力，在此向其表示感谢。向所有关心、支持本书出版的同志表示衷心的感谢。

南京市博物馆